深度思考是一场属于自己的修行；

这是最温暖的时代，这是最冷酷的时代；

这是一个信息爆炸的时代，这是一个由新媒体统治的时代；

这是一个思想大爆炸的时代，这是一个不存在怀才不遇的时代；

这个世界上的哲学和数学是贴近世界本质的学科；

这个世界上我们的思想是非常复杂的宇宙。

你是一个善于思考的人吗？

你了解属于你的这场修行吗？

你踏上这条修行之路了吗？

深度思维

苏格 著

青岛出版社
QINGDAO PUBLISHING HOUSE

图书在版编目（CIP）数据

深度思维 / 苏格著. —青岛：青岛出版社，
2020.9
ISBN 978-7-5552-9189-3

Ⅰ. ①深… Ⅱ. ①苏… Ⅲ. ①思维方法—通俗读物
Ⅳ. ①B804-49

中国版本图书馆CIP数据核字(2020)第081305号

书　　名　深度思维
著　　者　苏　格
出版发行　青岛出版社
社　　址　青岛市海尔路182号（266061）
本社网址　http://www.qdpub.com
邮购电话　18613853563　　0532-68068091
责任编辑　李文峰
特约编辑　郑丽丽　宝司群
校　　对　李玮然
装帧设计　张　磊
照　　排　梁　霞
印　　刷　德富泰（唐山）印务有限公司
出版日期　2020年9月第1版　　2020年9月第1次印刷
开　　本　32开（880mm×1230mm）
印　　张　8
字　　数　150千
书　　号　ISBN 978-7-5552-9189-3
定　　价　32.00元

编校印装质量、盗版监督服务电话　4006532017　0532-68068638

建议陈列类别：畅销・励志

目录

第一章 你了解自己的大脑吗

思维模式 003

哲学—来自思维的馈赠 008

逻辑三段论 012

凡事问问原因总是没错的 017

第二章 以批判色彩去看世界

批判性思维与创造性教育 023

西方还是东方？思维方式的区别 028

价值观决定你的人生 032

思考的颜色和习惯 037

目录

第三章 透过现象看本质从来不是空话

弗里德曼对态度的定义 043

做一个会问问题的人 048

观察是杠杆，撬起的是我们的思维 052

情感成分的核心就是说话 055

行为倾向，我们的误会 059

障眼法挡住了什么 064

第四章 假设的力量

假定思维与工作效率 071

价值观假设 075

可以名状的假设 079

给你一个寻找真理的线索 083

目录

第五章 演绎法最迷人的地方

不能证真的理论 089

推理的演绎之谜 093

循环论证的死胡同 097

“白马非马”和人与自然 101

第六章 我相信的究竟是什么！

因为我的直觉 109

到底什么才是“实锤” 113

证据从哪里来 117

证据和社交口才 122

伪证的逻辑 127

目录

第七章 管理中的思维

决策的魅力 135

从宏观到细节，决策的不同类型 139

短时间决策方法，武断还是果断 144

站在山顶的人 149

领导者 / 管理者的思维 154

第八章 大数据时代的力量

大数据究竟是什么 161

大数据和大思维 166

大数据的思维通病—过度思维 171

信息缺失—大海捞针的思维绝境 175

神秘的思维逆境—抑郁症 179

第九章 思维的陷阱

谢利夫的团体规范形成研究 185

阿希的线段判断实验（从众实验典范） 190

从众是一种在压力下发生行为改变的倾向 195

一个创意需要的时间 200

融入新环境的悲欢离合 204

换位思考让从众不再尴尬 210

第十章 不否定的世界

否定一个人最快的方法 217

接受平庸不等于否定自我 222

世界丰富多彩，干吗总盯着山顶 227

1+1=2，人类的好奇心从未被否定 232

深度思考探索的是人性 237

最后的话：深度思考是一种修行 242

第一章 你了解自己的大脑吗

庄生晓梦迷蝴蝶，望帝春心托杜鹃。你所经历的究竟是梦还是现实？

我的大脑究竟要告诉我什么呢？我们每天看到的丰富多彩的世界究竟是现实，还是我们的大脑为我们制作出的一幅美丽而虚幻的景象？

思维模式

今早我经过市区最大的商场，看到一楼一个巨大而醒目的“T”字标牌，忽然觉得有些人注定要被载入史册。我们先来讲个故事吧：特斯拉——世界上最传奇的科学家之一。不是这个品牌的汽车卖得有多贵，而是如果你了解特斯拉这个人的生平事迹，那你一定会对固有的世界观有一个新的认识。

特斯拉可以说是爱迪生这辈子最恨的一个人了，他对交流电的深刻理解直接影响了爱迪生的生意。1887年，特斯拉成立了他的电灯与电气制造公司，并在后面展示了如何用高频电流点亮无电极真空管，还进一步提出了透热疗法，这简直就是让爱迪生的生意全部关门的“大逆不道”的行为。特斯拉与爱迪生的“电流之战”长达八年，最后获胜的是爱迪生。因为爱迪生联合了当时的官员，打压了特斯拉，使特斯拉没有科研经费，从而无法继续自己的实验。很多人把自己的不顺利推给命运，就像特斯拉一样，明明是天才却受到了不公平的对待。然而我们仔细思考一下就会发现，所有的失败终归能从自己身上找到原因，恃才傲物的特斯拉只不过是犯了所有天才都容易犯的错误：他固执地相信人们会看到他的成就，会给予他正确的评价。他也是对的，只不过人们对他的正确评价晚来了几十年。对于这个故事，我们怎么去思考，怎么去看待爱迪生和特斯拉呢？我认为没有对错，只有自己的立场下可用或者不可用的论点和论据。我们思考的最终目的也不过是对自己的生活能够产生正确的指导。

那么，什么是思维呢？

人类从产生文明那一刻起就有了思维，或者说从人类有自我意识开始，思维的种子就开始萌芽。纵观整个文明的发展史，人类的大脑在这里面起到的作用之关键不可忽视，而我们又时常觉得自己根本无法控制自己的大脑。说到底，大脑与我们沟通的方式，本来就是通过思维来完成的，所谓思维模式、思维定式，无非是我们在吸收了现有的科学文化知识信息之后，自己总结出来的一套完整的，可以套用在生活、工作、学习中的法则，这就是我们所谓的思维。

思维，顾名思义，就是思想的维度。如何在这片神秘的维度中找到自己需要的逻辑，找到为自己服务的信息，就是我们的大脑想要教给我们的最重要的古老智慧了。先来说说思维形式到底是什么吧，思维形式——思维借以实现的形式。概念、判断、推理、证明是不同的思维形式。具有不同结构的判断形式、推理形式、证明形式也是不同的思维形式。在具体思维中，思维形式和思维内容总是结合在一起的，既不存在没有思维形式的思维内容，也不存在没有思维内容的思维形式。但是思维形式相对于思维内容具有一定的独立性，所以逻辑学可以把思维形式抽出来作为自己的研究对象。

思维形式通常有三种：形象思维、抽象思维、灵感思维。而人们在日常生活中不可能只用一种形式的思考方式，在我们的思考过程中，至少是两种思维并用。

形象思维，通常被人们称为艺术思维，首先形象思维必须以客观存在的事物的具体形象为基础；其次要有运用想象力的过程，也就是有一个抽取信息和创造新信息的过程；最后形象思维不像是抽象思维中的归纳一样直接，它产生的过程相对复杂，就像是一幅艺术品的诞生，往往会有多重的诱因而不是简单地画出来一样。比如著名的画作《蒙娜丽莎》，它之所以美丽，为人们津津乐道，也不只是因为它曾经被戏剧化地偷走过，还因为在整个画作中不仅能看出达·芬奇在解剖学和物理学上的造诣，更能看出他让色彩全部信息投射在画布上的思考。

抽象思维，指的是运用概念、判断、推理等进行现实反应的过程，它具有抽象性，也就是可以抛弃事物的具体形象而提取事物本质的一个特征。在运用抽象思维的过程中，合理展开、科学提取本质的这个过程，本身就具有强大的逻辑性，比如说爱因斯坦看着钟表想到相对论、牛顿看着苹果想到万有引力，他们所做的事情其实远比听起来要复杂许多，从具象中抽取本质是深度思考的一个基本要求。

灵感思维则是不同于前两种的更为直觉化的思维过程，它通常具有突发性，基本上不可预测，也没有预兆。另外，很多人认为灵感思维跟人的潜意识息息相关，比方说灵感突发都有一个漫长的酝酿过程，也就是我们通常说的量变引起质变的一个过程。也有学者认为灵感的孕育都是无意识的，也就是说处于潜意识阶段，一旦成熟，那么灵感思维就会浮出水面。我们认为，人们的思维本身有层次之分，而越是深层次的思维，整个思考系统也就越复杂，潜意识思维不仅可以吸收外界的信息，还可以对外界的内容进行加工，产生一个新的独立的思维体系，随着这种思维过程渐渐成熟，一个三维的灵感也就诞生了，“突发奇想”就是灵感思维的一种，虽然听起来很玄幻，但也是确实存在的，比方说在花园里沉思的牛顿，联想到苹果落地，随后“灵光一闪”想到了万有引力，这就可以算是第三种思维方式——灵感思维。

思维方式是人们大脑活动的内在程式，它对人们的言行起决定性作用。思维方式表面上具有非物质性和物质性。这种非物质性和物质性的交相影响，“无生有，有生无”，就能够构成思维方式演进发展的矛盾运动。长期的思维方式对一个人以何种心理状态在日常生活中为人处世是有影响的。比如说，如果一个人具有好心态，积极乐观，他的生活总是充满快乐，在遇到好的处境时，自己开心的同时也会与亲朋好友分享，感染他人，讨人喜欢，愿意帮助他人，也容易得到他人的帮助；在遇到困难的时候，他会往好的方面想，不退缩，积极主动、想方设法地去面对和解决问题。

哪怕暂时没能解决问题，他们也会把正在面对的困难看成一个磨炼自己的机会，相信问题终会解决。这样的人除了比较开心快乐，获得成功的机会也相对较高。相反，心态负面、消极悲观的人，为人处世常往坏的方面想，防范心理比较重，过分小心。他们往往在做错事或遇到困难时，心情一落千丈，抱怨自己和他人，不是逃避就是推诿，不去积极努力地面对问题，甚至不现实地期待某一天问题会自动消失或被他人解决。这样的人的坏心情会影响身边的人，让人避而远之，难交朋友，难获得他人的好感及喜欢，也就难得到别人的帮助。这种人在生活中大大小小的问题很多，因为常常怨天尤人、不善反省，难有进步。

哲学——来自思维的馈赠

说到思维，很多人会想到我们小学的“思想品德”和大学的“马哲”“思修”等。我们对于思维和哲学其实是没有什么概念的，但是提到伟大的思想家，我们仍然能脱口说出几个光辉的名字，比如康德、苏格拉底、柏拉图，而这些人的哲学归根到底就是思想的归纳、思维的艺术。

提起福尔摩斯，你会想到什么？电视剧中那个高冷英俊、富有气质的英国男人，手里拿着烟斗，穿着一件剪裁得体的风衣，戴着帽子，会各种乐器，对各种学科都有涉猎，眼神犀利，面容瘦削。当然，无论你想到的是什么，绝对不会是“哲学家”。然而会思考、擅长推理的人往往是一个哲学家。

福尔摩斯是小说界被创造出来的首屈一指的侦探，他对人类心灵的洞察堪称他在侦破案件方面的伟大壮举。福尔摩斯带给我们的不仅仅是破案的手段，更是一整套思维方法，一种远离伦敦底层社会，可以在无数企业中运用的思维模式。它脱胎于科学方法，超越了科学与犯罪，成为一种思维模式、一种生存之道，甚至是一种哲学。而这种哲学中最深刻的一个概念就是：客观世界中没有任何绝对的存在，人性中也没有绝对的善恶，这就是哲学本身。

说个简单的例子吧：什么是爱？有的人说是奉献和牺牲，有的人说是克制，还有的人说是“今晚月色真好”。这个问题没有统一的答案，而且根据每个人心理状态的不同，也一定有着不同的答案。对于同一个问题的不同答案，就是思维，就是哲学。

哲学思维方法指的是人们认识、改造客观世界时所运用的具有哲学特征的思维方法。它有四个主要特征：第一，它是辩证性的思维方法。辩证法同时包含着对现存事物的肯定理解和否定理解，强调一分为二地看待任何事物，反对片面性和绝对性。第二，它是批判性的思维方法。辩证法不崇拜任何东西，按其本质来说，它是批判性和革命性的。所以哲学的思维本质上就是一种不盲从权威的批判性反思。第三，它是实践第一的思维方法。它强调人的正确认识来源于社会实践，人对客观规律的正确认识不可能一次完成，社会实践发展了，人的思想认识就必须不断前进，实践是检验真理的唯一标准。第四，它是超经验的思维方法。它反对经验主义，反对把实践观庸俗化，反对把过去的、一时成功的经验作为绝对真理照搬套用，它以高度的抽象性、概括性、逻辑性，冷静地审视客观世界的事物和人类经验中的一切行为。

就拿马克思主义来说，马克思主义哲学从实践出发解决哲学基本问题，即思维和存在的关系问题，是对人与世界的关系的最高抽象。马克思主义哲学深刻地指出人与世界的关系实质上是一种以实践为中介的人对世界的认识和改造。马克思主义哲学区别于其他一切哲学的根本之处，在于它解决哲学基本问题的独特方式。旧唯物主义和唯心主义都不了解人类的实践活动及其意义，因而导致它们在对世界的理解和观察世界的视角上存在着重大缺陷。马克思主义哲学从实践出发去理解现实世界，从而在世界观、自然观、历史观和认识论上都获得了全新解释，构筑了统一、彻底、科学的哲学体系以及哲学思维，指引着我们人生的前进方向，使我们在面对困难时不气馁，勇敢地鼓足勇气挑战挫折，面对荣耀时不得意忘形，做到正确地把握尺度，把握人生。哲学是思维给我们的馈赠，它不仅可以帮助我们明确人生的方向，还可以洗涤人的心灵，让人明白自己在社会中的地位，知道自己与集体社会的关系，让人在贡献与索取中做出最科学、最明智的选择；哲学思维可以修养人的品性，犹如一味良药，可以使骄狂的人变得冷静、沉着，使怯懦的人变得勇敢无畏；哲学思维可以使一个人不再感到迷茫，不再沉陷于自卑心理，不断地充实自己、提高自己，找到自己丧失的自信和勇气。

哲学思维教导我们应该用发展的眼光去看待哲学，对其中一些观点予以思考再赋予其鲜明的时代特征，而不是要我们墨守成规地去接受其中的思想。哲学思维方法不在于给人多少具体的知识，也不在于给人解决了多少具体的问题，它的根本作用在于给人提供了一种正确的理性思维模式，培养和锻炼人的思辨能力，从而使人们树立正确的人生观和价值观，掌握认识世界、改造世界的正确方法，在社会实践中产生出巨大的推动力。

逻辑三段论

考过公务员的人都知道公务员考试的题目五花八门，光是题库里的题目就有成千上万道，在规定时间内完成“行测”考试本身就是对思维逻辑的一个重要考核，更不用说“申论”考试中，考生还要用自己的主观思维结合时事政治对题目中的情景进行合理剖析。

传统的逻辑学里面最核心的理论就是亚里士多德逻辑三段论。它是由包含一个共同项的两个直言命题推出一个新的直言命题的推理，简单来说这个三段论就是大前提、小前提和结论。

举一个简单的例子，周杰伦是著名歌手，周杰伦是大家的偶像，所以著名歌手是大家的偶像。咱们先不说这句话的内容，在这句话里面“周杰伦”就是共同项，“周杰伦是著名歌手”和“周杰伦是大家的偶像”就是两个直言命题，也就是简单的命题，由这两个命题推出来的结论就是著名歌手是大家的偶像。用一个简单的公式来说明这个例子，大前提就是包含大项的前提（P），小前提就是包含小项的前提（S），如果所有的M都是P（大前提），所有的S都是M（小前提），那么可以得出所有的S都是P的结论。所有的三段论都是由三个词项组成的：大项、小项和中项。结论的谓项叫大项，记为P，结论的主项叫小项，记为S，两个前提包含的共同项叫中项，记为M。为了方便大家理解，我们再举一个例子，大家看看这个三段论里面哪个是大前提、哪个是小前提。

男人都是大猪蹄子，我的男朋友是男人，所以我的男朋友是大猪蹄子。

是不是觉得之前在有些社交媒体上看到过“只要喘气的男人都是渣男”这种说法？这听起来是非常不合理的，然而实际上跟我们刚才练习的这个命题一样，这都是符合简单的逻辑三段论的。那么刚才那句话里面，“大猪蹄子”就是大项（P），“我的男朋友”就是小项（S），“男人”就是中项（M），作为媒介连接两个简单命题。怎么样，判断对了吗？很简单吧，那么现在你已经掌握传统逻辑最基本的思维方式了。

当然，并不是所有的逻辑三段论都能得出正确的结论，也就是说不是所有的逻辑算式都是有效的。而逻辑学是一个非常复杂的体系，需要用漫长的时间来学习，在这里我们不做过于深入的讨论。我们要讨论的是生活中的逻辑学以及如何将逻辑三段论用到我们的生活中去。

“你说甲生疮。甲是中国人，你就是说中国人生疮了。既然中国人生疮，你是中国人，就是你也生疮了。你既然也生疮，你就和甲一样。而你只说甲生疮，则竟无自知之明，你的话还有什么价值？倘若你没有生疮，是说诳也。卖国贼是说诳的，所以你是卖国贼。我骂卖国贼，所以我是爱国者。爱国者的话是最有价值的，所以我的话是不错的，我的话既然不错，你就是卖国贼无疑了！”这段话来自我们言语犀利如匕首的鲁迅先生，大约一个世纪以前，鲁迅在《论辩的灵魂》里用逻辑学讽刺了当时那些拿着辩论逻辑去评论时事的人。这些喜欢用辩论逻辑的人在现代拥有一个时尚的名字——杠精。实际上在生活中，由于网络的普及，言论公开化、自由化，人们接收到各种信息的途径越来越多，很多人顶着不同的马甲在网络上肆无忌惮地评论着各种人、各种事，宣泄着自己内心的不满，展示着自己的阴暗面，用恶毒的语言去诽谤曲解别人的生活。然而如果你稍微懂一些逻辑学就能看出这些杠精看似有道理的“评论”下的逻辑漏洞。就像我们引用的鲁迅的那段话一样，只不过当年鲁迅遇见的是“看客”和“孔乙己”，而我们这个年代遇见的是“杠精”和“键盘侠”，虽然手法不同，但是想法一样，冷漠也是一样的。

当然，了解逻辑三段论，除了有利于帮助自己一针见血地看到有些事情的内在联系和逻辑漏洞之外，同样可以帮助你对自己即将要做的事进行可行性分析，有时候你甚至可以利用辩论思想去鼓励自己。

新东方创始人之一的王强老师，是北京大学外语系的高才生，他早年间曾经讲过自己的经历。他毕业之后曾在北大任教十年，教外语，他本人也是掌握多门外语的高手，时代的发展促使他远走美国追求更高的梦想，可是下了飞机他才发现自己掌握的最精良的技术也就只有英语，而英语在这里毫无用武之地，他总不可能去教美国人说英语吧？于是他准备选择20世纪90年代最热门的专业——计算机，然而对一个文科生来说，学计算机无疑是一项读天书一样的挑战，当时他自己想了想，利用逻辑三段论推算了一下这件事情的可行性：

人可以学会计算机科学

王强是人

所以王强可以学会计算机科学

在这样的思想下，他认为自己肯定能够学会计算机科学。于是，他选择报考纽约州立大学的计算机系，用比别人多一年多的时间学完了计算机本科的全部课程，并以接近满分的成绩获得硕士学位，然后在贝尔实验室工作。这样的人无疑是通过努力来开挂，但是一开始他运用逻辑学对自己进行鼓励也功不可没。除此之外，计算机编程就是将人的逻辑用机器语言呈现出来的过程，这对他来说毫无疑问也是仅有的一项优势了。

逻辑学是非常美丽的，当你懂得了逻辑，知道如何使用逻辑学，你的人生就会明朗起来，在听别人说话的时候也能听到更多弦外之音。常常有人说，人的痛苦是梦醒了之后无路可走，实际上，如果梦本身就是有逻辑的、有可行性的，那么就不会仅仅是梦，而是梦想和规划。所谓的无路可走也许只不过是你的大脑走进了死胡同，不妨坐下来，用逻辑学好好分析一下，也许就“柳暗花明又一村”了呢。

凡事问问原因总是没错的

在平时聊天和上课的时候，我对许多学生有一种印象，那就是不求甚解。这很有可能跟我们从小被教育“是什么”，而不是“为什么”有着莫大的关系。比如，我们跟高三学生聊天的时候，很大一部分同学对自己应该选择什么样的专业、喜欢什么样的工作是非常模糊的，一些走进职场好多年的人，对自己的目标除了挣钱之外好像也没有清楚的规划，所以在这里我们谈一谈万事万物之间的因果联系。思考的目的往往就是弄清楚一件事情、一个行动、一个计划的动机和原因，只有思考到这一步，你才能最大可能地预测到结果以及反应。生活很匆忙，但是如果你不会停下来好好地思考一下为什么，就要小心是否已成了一个疲于奔命的可悲空虚的成年人了。

养成思考的习惯、凡事追根溯源的好处不胜枚举，无论是通过思考顿悟的宗教大师，还是为了明天努力钻研的科学家，都能证明这一点。思考原因，凡事多问问为什么不但可以使个人进步，更能使一个集体、一个民族获得不断前进的动力。那么因果定律是什么？因果定律认为每一个结果都有一个特定的原因或者多个原因，也就是说凡事均有理由，生活中所有的事情都不是偶然发生的。

许多人觉得马云的成功是中国网络市场的奇迹，然而如果你稍微了解一下他本人的生平就会发现，马云一直在从他早期的失败中吸取经验，在一次又一次的尝试中思考失败和成功的原因，最终他的成功只是一个结果，而绝对不是一个奇迹。你走到机场，到处都能听到成功人士的励志演讲，然而很多人会无力地发现，成功无法复制，每个人都是不同的，面对的困境也不同。如果你不能学会成功者思考和解决问题的方式，那么你不可能拥有属于自己的成功。我们思考，不是我们想要同样的奇迹，而是我们要知道这个规律，这个最原始的因果道理。

讲一个英国科学家亨特的故事吧。他坐在公园里，看到鹿有漂亮的鹿角，突然对鹿角产生了浓厚的兴趣。他摸了摸一头鹿的角，跟他想的不一样，鹿角居然是有温度的，难道里面有血管吗？于是亨特产生了一个大胆的想法，如果把鹿角的侧外颈动脉扎住的话会怎么样呢？接着他做了这个实验，并发现鹿角的温度会因此降下来，并且停止了生长，可是过了几天鹿角又变暖了，亨特发现被扎住的地方并没有松动，而是附近的血管扩张又输送了充足的血液。在这个发现的指引下，著名的外科学亨特手术法就此产生。这些小故事相信每个人随便就能想出好多个，那我们为什么不能从中学到一些规律呢？

面对小朋友喋喋不休地问“为什么”，越来越多的家长会耐心地解答，可是在成年人的世界中，思考为什么才是更加重要的。比如那些损人不利己的行为，如果行为人提前思考过也许就不会发生；比如那些冲动下酿成的悲剧，如果停下来问问自己“为什么”，许多悲剧就不会出现。现代人生活的节奏太快，思考的节奏也太快，可是大脑的回路本来不是这么设计的，思考是慢生活，是深入下去的一个过程。那么，作为一个要养家糊口的成年人，我们该怎么进行深度思考呢？

首先，默念。思想是无声的，在一开始训练思维的时候，我们可以采用默念的方式，不要什么都宣之于口。在你定下一个目标时，先问问自己为什么。比如你决定明天早上要早起运动，那么自己先在脑子里想想看，为什么要早起运动？因为我要锻炼身体。为什么要锻炼身体？因为健康是革命的本钱。那我要这本钱干什么？要用来更好地工作，活得更好。那什么是活得更好？一日三餐有瓦遮头？你每天用半个小时的时间由一个简单的问题开始思考，延伸出更深刻的问题，让自己的大脑回答自己，不要说出来，也不要讨论，就让大脑自己进行，一段时间之后你会发现自己的思维速度和精准度都得到了极大提高。

其次，谋定而后动。什么意思？就是要做计划！计划在一个人的生活中必不可少，所谓“说走就走的旅行”那也是要有经验支撑的，否则体验度就会受到影响，那不叫旅行，那应该叫流浪。每天晚上睡觉前，思考一下今天做了什么工作、自己获得了什么、遇见了谁、快乐吗、为什么、第二天有哪些工作要完成等。在手机上下载一个日程安排的小程序可以有效地帮你进行时间规划，你在填写规划的时候就是在经历一个思考的过程，比如你会把比较重要的事情放在精力最充足的时候。而我建议大家不要只是规划那些你认为“不得不做”的事情，那些让自己开心的事情，比如和朋友约会的时间、自己喝一杯的时间也要规划上，这样可以最大限度地帮助你执行自己的计划，并使自己获得满足感和愉悦感，而计划的过程就是一个思考原因的过程。

最后，不管你的生活有多么不如意，都不要麻木，实际上有的人悲观，有的人失望，这都不是最可怕的，最可怕的是一个人麻木。一个麻木的人就是放弃了思考，放弃了问自己为什么，他对一切都不再抱有好奇心，也不再有任何期待。许多人说自己生活得很“佛系”，可是，这是真的吗？你难道不是被动的，不得不“佛系”吗？你这不叫潇洒，叫无奈，而且还给自己找了个冠冕堂皇的理由。那些“放下皆自在”的高僧并不是没得到、没拥有，而是拥有过但是放弃了，这才是放下。你啥都没拿到，放下了什么？

学会思考，学会找到生活中的原因，才是最能安慰自己、最能找到正确道路的方法，你的思考能力决定了你的生活态度，你的生活态度决定了你的生活轨迹，你的生活轨迹决定了你的未来，就是这么简单的逻辑，你能学会吗？从今天开始，问问自己，明天早上到底吃不吃早点呢？

第二章
以批判色彩去看世界

金无足赤，人无完人。任何事物都有两面性，绝对的东西是不存在的。就连你以为只有黑白两色的大熊猫都还有着粉红色的舌头，那么在我们思想的世界里，批判主义色彩究竟有多“萌”？

批判性思维与创造性教育

西方世界很多人认为我们的教育体系中缺少最基本的哲学思维教育，实际上我们中国可是世界上古老哲学思想的一个重要发源地，我们的“孔孟之道”“清净无为”“刑用于将过”等是能和西方的哲学大家分庭抗礼甚至不谋而合的哲学思想。有人可能会想，我怎么不记得我学过这些东西呢？那我告诉你，你小学学的《思想品德》、听的各种历史小故事里都有满满的哲学思想，比方说孔融让梨、覆巢之下无完卵，甚至一个个小小的成语中都蕴藏着我们中华文明的哲学思想。

实际上，在全世界的范围内看，我们的文化中受到宗教影响的哲学相对较少，所以我们从小就被培养用批判性思维去看世界，去客观地理解周围的事物以及“实践是检验真理的唯一标准”。那么，我们就来说说这个批判性思维究竟对我们的生活有什么指导意义。

批判（critical）一词来源于希腊语，指的是辨明或判断的能力，也就是对事物提出问题、理解事物的意义并分析它们的能力。我们从语言学上解释，批判是基于标准的有辨识能力的判断。批判性思维则是对于这种能力的一种概念应用。最早出现的这种思想属于反省性思维，等于说持续细致地思考、观察对知识的假设，然后去证明或者证伪它，进而使它更好地指导我们的生活。比方说大家都听过的“每日三省吾身”“以铜为镜，可以正衣冠，以史为镜，可以知兴替”，这些可以当作批判性思维的前身，每天你将自己从错误里学习到的经验总结起来，让自己不在同一个地方跌倒两次，就是最简单的批判性思维。所以说思维根本没有那么玄妙，当你摸准了这些规律之后，思维就能更好地服务于你的生活和工作。

批判性思维既是一种思维技能，也是一种人格，它同时包含了客观逻辑思维和人文精神两个方面。对很多教育系统来说，如果不谈批判性思维，那么创造性思维就无从谈起。2012年，华中科技大学教授欧阳康在文章中提到：“批判性思维是一种最常规的人类思维，它与人的开放性、超越性联系在一起，是人类文明进步最为重要的主体性条件。如果说人类文明发展从来都需要批判性思维，那么当代人类尤其当今中国需要强化自觉的批判精神。”

这些年，华人中优秀人才辈出，在世界各地活跃的中国学生也逐渐增多，西方人也开始思考为什么中国人的孩子可以如此优秀。2017年《华尔街日报》上刊登了一篇文章，题目为《中国母亲为何更胜一筹》（*Why Chinese Mothers are Superior?*），文章一经刊登，立刻成为当时的热门话题，引发了整个美国社会的讨论。文章的作者是华人“虎妈”耶鲁大学法学院教授蔡美儿（Amy Chua）。她出版的教育类书籍《虎妈的战歌》（*Battle Hymn of the Tiger Mother*）也在美国教育界引发了轩然大波，这本书讲的就是她如何用中国式教育法教育她的两个女儿。她的两个女儿多才多艺，成绩优秀，和我们所有的中国孩子一样每天都充实且疲劳，没有玩耍和休息的时间，并且当自己没有做到某些事情的时候，会遭到惩罚。“中国虎妈”成了当时的热搜流行词。我们教育孩子的方法与美国人完全不同，但是她的孩子获得的成功和成就让美国人开始思考中国的教育方式是否真的毫无可取之处，同时，也让很多中国教育家思考我们的传统教育是否也有许多对孩子本身有利的地方。这就是通过现象批判性地思考和讨论，思考的目的是更好地指导实践。

我经常听到一些家长跟我说，不想给孩子那么大的压力，所以选择移民到别的国家，让孩子有一个快乐的童年和人生。对此我持保留态度，首先，快乐的人生本来就很难定义，功成名就可以是快乐，小富即安可以是快乐，健健康康也可以是快乐，你所谓的快乐人生非常主观。另外，孩子的快乐难道不应该让孩子自己去决定吗？你所谓的快乐人生实际上是你自己希望的快乐。其次，人是社会性动物，进化论里就已经提到，我们的天性要求我们去竞争，去争夺那些有限的资源，不管是食物、空气和领土，现在更多的是教育资源、素质资源和朋友圈的资源。那么如果你的孩子什么都不会，试问没有竞争力的他在学校真的能快乐起来吗？那些自信的孩子，他们的开朗热情首先来自他们丰富的见识和知识，所以家长在进行教育选择的时候还是要客观地用批判性的思想去做决定。最后，压力是我们进步的一个重要动力，不要逃避，从小让孩子懂得压力、懂得失败是非常重要的一课。这也是我为什么说在我们思考任何事情尤其是教育的时候，必须要有足够的批判性，不能一味地选择逃避，为了弥补自己童年的缺失，自作主张地去为孩子做决定。

那么创造性又从哪里来？毋庸置疑：好奇心、想象力以及批判性思维，这些东西你很难用知识去定义，并且无法用传统的学习手段从书本上学习并获得。好奇心和想象力我们就不详述了，教育家、思想家会告诉你它们的重要性。那么我们重点来说一说批判性思维。批判性思维要求我们善于思考，不怕被质疑，不怕讨论，更要有在困境中冷静思考问题的能力。对一个有批判性思维的人来说，他不会轻易接受任何一个权威人士的观点，看到一件事情必然会用最客观的想法去分析、解释、判断，而同时他又不会排斥所有的新鲜观点。我在美国学习的时候，几乎所有的教授对中国学生的印象都是——“学习刻苦，基础扎实，但是缺乏批判性的思维”。当时我思考这也许就是我们中国学生缺乏创造性的根本原因。

批判性思维是客观思考的基本工具，是创造性思维的强力辅助，从今天开始，训练自己去反思，训练自己去思考。当你看到什么、听到什么，先不要表达观点，先去想想这件事情有没有别的合理解释，先去看看这件事情有没有隐藏的信息，如此一来，你也许会发现世界变得不一样了。当你更懂得这个世界的时候，也就会明白这个世界对我们怀揣的期待和满满的善意。

西方还是东方？思维方式的区别

我们经常听到别人说西方逻辑和东方逻辑的差别，实际上如果你有机会去阅读国外的文献和书籍，仔细想想就能发现其中的区别。相较于我们东方人的宏观整体思想，西方人更擅长点对点的直线思考，最直观的例子就是中医和西医。我们中医把人看成是一个整体，绝对不会“头疼医头，脚疼医脚”，西方人则将病灶看成一个定点部位，有专门的药物和方法对待生病引发的问题。两种方法各有利弊，并无对错，只是体现了两种不同的思维逻辑的差别而已。

我们之前提到过逻辑思维，那么究竟哪种思维方式更接近逻辑学？实话实说，逻辑学最早确实起源于西方哲学，但并不是说我们东方没有逻辑学，而是我们的知识体系过于庞大复杂，很难从中直观地让学生知道逻辑学是什么，反而需要学生从各种实践中自己领悟逻辑和个中道理。这也就导致了我们的教育体系里面是没有逻辑学这门课程的，我们从小到大学的那个最接近逻辑的东西叫作——道理。先讲一下我们东方人的思维方式，我们认为万事万物是不断变化的，但是万变不离其宗。我们的逻辑是一个轮回或者一个圆，周而复始。另外，我们强调必须理解整体才能理解局部。我们认为没有一成不变的东西，我们的辩证思想是事物都有两面性，而事件发生的背景也是至关重要的。那么西方思维呢？西方思维认为世界的规律是简单而确定的，更关注事件本身，而不是背景，要求通过部分去理解整体，通过表象去控制事物发展的规律。

东、西方思维方式没有对错，它们只不过是受到不同社会发展背景的影响。希腊人强调世界的本质，强调逻辑性和客观性之间的联系，比如说希腊人认为物体本身是独立的，是人们关注和分析的中心，也认为人可以用意志力改变这个世界的规律。而我们东方的思维起源于我们的哲学，我们的儒教、道教，我们强调和谐，比如我们的阴阳五行学说，比如说“塞翁失马，焉知非福”。

我必须再次强调，思考的过程、思考的方式是没有对错的，我们关心的是思考的方式是否符合当下你本人的处境。即便在东方思想影响最深刻的中国，我们同样主张人们通过主观能动性去改变生活中那些看起来无法撼动的困难，这是我们社会进步和发展的阶梯。同时了解东、西方思维方式的目的并不是一较高下，而是告诉你在看待问题的时候要从多个角度思考，尤其是对待一些重大的历史问题、事实问题的时候。

这一小节，我们用思维差异来讨论一下现在人们非常关心的一个问题——中美关系。

我们先来回顾一下中华民族的历史。我们是一个讲求中庸之道的民族，我们也是一个追求和谐的民族。而美国是一个从战争中崛起的移民国家，有其独特的逻辑观和世界观。那么首先中国和美国在逻辑观点上本身就存在很大的差异，因此当中国即将成为世界上第一大经济体的时候，独领风骚的美国人突然觉得这一切是“不对的”，然而为什么不对，他们自己的逻辑也不能完全解释，于是他们打压中国——提高关税，封闭技术，制裁高科技企业。说到底他们想做的是针对这件事情，而不是看整个世界的发展。

我们提到西方思维是通过行为去控制规律，也就是说在过去的一个世纪里，美国用这样的手法去制裁其他国家都是非常有效的，因此也理所应当地认为这样对待中国，我们就会妥协。

而我们东方的思维是我们尽量争取和谐，但是如果你真的侵门踏户到如此地步，那我们一样“来而不往非礼也”，所以东、西方思维的碰撞就出现了，这也是这场拉锯战产生的一个思维层面的对抗。西方媒体鼓吹的“摧毁中国经济”这件事情并没有出现，最起码作为普通的老百姓，你该吃吃该喝喝，物价几乎没有涨，你照样能去世界各地旅游，这就是一个国家的经济强韧度带来的容错率。我们如此理性地去反击美国增加关税的行为也许是美国人自己也没有想到的，如果他们了解我们的东方思维就应该知道我们有一句话：

“有理、有利、有节。”

东、西方思维的碰撞早已随着互联网和沟通方式的越发便捷深入到方方面面。前段时间备受关注的中美主播辩论，中国主持人刘欣在节目里“约战”美国主持人翠西，看了直播辩论的人会发现，实际上刘欣并未像美国人希望的那样歇斯底里地为自己的国家辩护，而是耐心平静地回答了翠西提出的问题。西方思维里辩论是以“辩”为主，目的是赢，而在我们东方的思维里辩论是为了“论”，目的是理解和大同。而这样的东、西方思维的对话也让所有人看到了中国古老智慧与西方典型思想的融合与彼此学习。这种对话的方式将成为以后解决很多问题的基础。两个国家的大事尚且如此，那么你生活中那些小的矛盾，如法炮制，我想应该也是可以解决的吧。

深度思考，我们为的是理解问题、解决问题，不论是东方思维还是西方思维，最终都是为自己的人生、自己的社会服务的。在思维层面，多去了解、多去碰撞我们才能有更广阔的理解和认识，才能提高自己的思考纬度。往小了说，深度思考可以帮助你站在别人的位置上去思考问题，易于理解问题；往大了说，深度思考可以帮你理解这个世界上大部分的矛盾产生的原因，易于避免矛盾。西方的一条线、东方的一个圆，都是组成这个世界的基本符号，那么想想看，作为一个中国人，你能想些什么、做些什么呢？

价值观决定你的人生

每天清晨，我从健身房出来，怀着饱满的热情走进实验室，刚才有氧训练带来的兴奋还没有退散，一杯香浓的咖啡唤醒我的大脑。打开昨天写到一半的文章，计划着今天要进行的实验和需要用到的仪器，我觉得生活充满了掌控感，非常快乐。

这是我在美国时候的常态，我跟谷歌和领英的员工们也聊过，他们的工作状态除了努力之外，一定还带有快乐，每个人都有自己的生活价值。人们常说“三观”要正，实际上三观包括了人生观、世界观和价值观。西方世界的个人价值观发展得算是非常成熟的，这也是我们这些长期处于集体主义中的人不太理解或者深入思考的。但实际上，很大程度上，你的价值观就决定了你的人生，毕竟你的人生是属于你自己的。

扪心自问，你现在生活的意义是什么？一个对自己的价值没有认知的人，充其量叫活着，而不叫生活。价值观是什么呢？价值观是人们基于思维感官上的认知、理解与判断或抉择，也就是人们对事物辩证思想的取向，可以体现人和事物一定的价值或者作用。在我们的社会中，不同的人有不同的价值观念，甚至不同的年龄也有不同的价值观念。价值观具有稳定性、持久性、历史性、选择性和主观性几个特点，对人们生活的动机有导向性作用，也能反映人们对这个世界的认知以及需求。

我们常听人们谈起的是阶级性价值观，不同阶级的人价值观是不同的，比如说古时候的贵族阶级对科举制度的观点和贫寒人家肯定是不同的。在现在的中国社会，阶级差异被很大限度地消除，但是不同教育背景和家庭背景，依旧导致人们具有某些认知上的差别。举个例子，“公平”二字每个人都懂，但是这个世界上没有绝对的公平，只有当你走到某一个层面，这个层面的公平才会为你服务。另外，公平和公正这两件事情本身也是不同的，比如说三个高低不同的人，让他们站在同一排看表演，那么就是公平，而按照高低排列，有前有后地看表演就是公正。价值观是决定你看待这个世界是非对错的根本基础，也是你自我审视、自我进步的基础思维。

谈到价值观，我们就会谈到一个问题——个人追求。从小到大我们都被教育要有崇高的个人追求，可从来没有人告诉我们“崇高”究竟是怎样定义的。要挣很多钱？要取得很高的社会地位？还是要买很多昂贵的奢侈品？甚至有很多年轻人根本没有个人追求，自媒体的产生、娱乐产业的发展让我们的年轻人产生了一种“错觉幸福”或者“错觉富有”，比如说现在电子支付越来越流行，你看不到真金白银从钱包里溜走，一刷就行，让很多年轻人完全没有理财的概念，仿佛那些信用卡里的钱是白来的一样。另外，选秀节目的盛行，让许多年轻人觉得这个时代只要长得好看就能挣大钱，你往后倒退个十年问小朋友的理想，大部分是科学家、解放军，而现在很多孩子的理想已经变成——明星。这就是价值观的改变对整个社会的影响，这样的价值观的的确确带来了一些社会问题，比如大学生因为还不起贷款被威胁，有的孩子认为学习知识不重要，重要的是长得好看，因而花很多钱去整容等。

美国总统华盛顿在美国历史上享有盛名，不仅仅是因为他在战争中的强硬政策，也是因为他为人处世的方法令人津津乐道。他卸任之后，在自己家里经营了一个农场，虽然工人们在夏天工作时有所不便且效率低下，但他并没有克扣工人们的工钱或者用其他严厉的方法惩罚工人，而是想办法修了一个现代谷仓，这种谷仓可以满足工人们工作的需要，还可以改善工作环境。最终他的农场获得丰收，人们对他也更加佩服。美国是一个资本主义国家，是有阶级性的，而华盛顿总统无疑是站在权力顶峰的人，这样一个人的价值观并没有因为自己的阶级变得阶级化，相反他更多的是用同理心去思考、解决遇到的问题。价值观一方面是个人价值观，一方面也是你对别人的价值观的认识。所谓知己知彼，不单单是了解自己和对手的能力，更多的是你能够了解自己和对手的观点。当你能够想别人所想，先别人一步行动，那么你用来面对问题的方法一定会是最高效的。

如何检验自己的价值观呢？

首先，当你遇到一个挑战，先去思考一下自己为什么会遇到这个挑战。是由于自己的失误，还是因为自己正在走上坡路进步？如此思考为的是树立正确的面对挑战的态度，也就是观念。

其次，凡事都有两面性，不管看到什么、听到什么，不要过快地下结论。如果有一件事情令你深恶痛绝，那么生气之后你可以好好想一想为什么自己如此厌恶这样的事情，这对你了解自己的价值观有非常大的帮助。举个例子，一个被闺密抢过男朋友的人，在以后会特别厌恶身边那些“绿茶”，这就是你的观念的形成。

最后，即便价值观具有持续性和稳定性，你也需要根据自己的阅历和人生阶段调整自己的价值观，并尝试去理解别人的价值观。这么做并不是为了让你对人间充满不切实际的信任和大爱，只是为了让你了解自己面对的是什么样的事情、什么样的人，先理解再处理，达到最高效率。与此同时，有些已经经过实践检验的价值观也可以作为你的人生参考，经验对生活来说不可谓不重要。

最后说说乔布斯吧，被自己创建的苹果公司两度“开除”，但他本人从来不抱怨，他知道自己的价值，也知道自己创建苹果公司的初衷就是改变这个世界，所以他先后帮助了皮克斯和另外一家电脑公司获得了成功，最后苹果公司又把他请了回去。当一个人能够实现自己的价值，能够坚持自己的价值观，那么整个世界都会看到他的价值。就像是一幅大师级别的油画作品，它的价值就在那里，被人看到是早晚的事情。在做事情之前先确定自己的价值观是否正确，先想明白自己如何看待这个世界以及你在这个世界要用怎样的立场才能获得更高的成就，这样才能让自己看到生活中美丽的部分，才能让你这一生不虚此行。

思考的颜色和习惯

办公室爆发了小规模争吵，原因是销售部主管推荐了一套方案给客户，然而这套方案中存在可以升级的情况，也就是说她可以给客户推荐效益更高的一套方案。但是由于她已经把客户说动了，当我们要求她跟客户建议更改方案的时候，她非常抗拒，甚至说出“如果客户跑了，那就跑了吧，我不沟通了”这样的话，一时间，办公室的气氛降到了冰点。我大概能理解她是因为冲动而脱口说出这样一句话，但是她说这句话的逻辑简直可笑。拿着自己的业绩、自己的工作去威胁自己的老板？她难不成是疯了吗？后来她解释说，因为她有点儿冲动，说话直，并没有威胁的意思。这话是不是很耳熟？经常有人在冲动过后跟别人解释“我是冲动了，我是说话直”，实际上每个人在说每句话之前应该经过思考，那些说自己说话直的人，只不过是贪图一时爽快，从不考虑后果。好像只要你说话直，别人就可以原谅你的没有脑子。心理学上讲，那些脱口而出的话往往能反映出人内心最直接的想法，是一个人最真实的反应，而那过后的解释，不过是因为她冷静之后权衡利弊做出的妥协。

这件小事是在我们办公室发生的，但实际上大家经常会遇到类似的情况，也许发生在自己身上，也许发生在身边的人身上。我很喜欢用颜色来区分思考，比如我刚才举的例子是红色思考，这种思考方式通常爆发力强、持续时间短，超过80%的概率会让人感到后悔。红色思考也就是冲动思考，对人的负面情绪的发泄感最强，之所以是红色，是因为这种思考方式最应该引起我们警惕。每当你出现这种颜色的思考时，你都应该将一张红色的小纸片贴在自己的工作台上，慢慢你会发现，当你的红色标签开始减少时，你的工作效率也随之提高，你的人际关系也就会越来越好。

绿色和黄色——解决问题的颜色。通常情况下当我遇到一些问题的时候，我会把这些问题逐一列出来，目的是一个一个地解决它们。不知道从什么时候开始，人们一旦遇到困难和挫折，第一个想法就是“这事儿不赖我”，然后就开始追究是谁的责任。而我认为这是一个惯性思维，因为害怕负责任，所以要推卸责任，而正因为这样，问题得不到真正的解决。所以我把问题列出来，如果我首先思考解决的方案，就贴上一个绿色标签；如果我先想到的是这是谁的问题，那么我就会贴上一个黄色标签。这非常直观，如果你遇到的问题全是黄色标签，那你该好好反思一下，难道你遇到的所有问题责任都在别人身上吗？显然不是，那么你就很有可能是一个习惯性依赖别人，并且推卸责任的人。而当你发现所有问题都是绿色标签时，那么恭喜你，你正走在人生进步的康庄大道上。

蓝色——平静的颜色。实际上我本人在生活中很少用蓝色思维去解决问题，蓝色思维属于一种比较无欲无求的思考方式，可以用来和家人沟通，和朋友相处。对那些不能太过计较的事情，我通常会标蓝，表示“您开心就好”，不过多纠缠。许多人碰到难以解决的家庭事务时会很烦心，也无法开解自己，因为工作不好你可以辞职，而父母你没的换，自己的孩子你也丢不掉，就算不满意的婚姻可以结束，可是你不得不承认离婚本身就是一件需要成本的烦心事。因此这类事，我会标成蓝色，意思就是无可奈何。这种佛系思想本身带有无奈的成分，但是你会发现一旦你把这些事情归类为蓝色，你就会释然，毕竟短时间内没有办法解决，比方说来自母亲的啰唆、妻子的挑剔、孩子的调皮。杨绛先生说过，年轻人，书读得太少，想得太多。实际上这句话可以完美地用到我们的思考方式里。内心都是戏，头脑中却空空如也，人生不如意，能做的只有怨天尤人，好像自己的大脑就是用来抱怨的词库。这样的生活反正我是过不下去的，因此我选择去思考，去改变。改变不了世界，那么我就改变自己。

世界从来不是单一的色彩，那么高级的思考是什么？当然是彩色而绚烂的。红色、黄色、绿色和蓝色，四种颜色的思考方式并不是独立存在的，根据情况和时间的不同，这四种颜色是可以转化的。比如说红色是冲动思考的颜色，那么如果你已经发现了红色信号，就应该深吸一口气让自己平静下来，然后该绿色就绿色，该蓝色就蓝色；当一个问题出现，或者一个错误出现的时候，黄色思考当然会首先出现，但是你一样可以提醒自己，这个问题应该先解决再追责，这个时候黄色就可以变成绿色。没有任何一种思维方式是可以适用于各种场合的，也没有任何一种思维方式是万能的，每个人有不同的性格，这也会对思维方式造成不同的影响。然而世界之所以美丽，就是因为人的不同，思维之所以复杂，就是因为每个人思考的方式方法存在差别。每种思考就和喜怒哀乐一样，伴随着我们，不离不弃，我们能做的就是了解它们，熟悉它们，学会使用它们。世界很美，思考就像一片大海，平静广阔又充满了危机，可不管生活中的暴风骤雨多么凶猛，你都能用自己的思想给自己的世界画上一道彩虹。

第三章

透过现象看本质从来不是空话

周日早上，杰弗瑞在家门口看到了一道彩虹，他兴奋地跑到街上大喊：“下过雨的空气好香甜。”实际上这道彩虹来自刚刚经过他门前的洒水车。看到什么不重要，想到什么、学到什么才是最重要的。

弗里德曼对态度的定义

态度一词，我们日常生活中经常听到，比方说一对正在吵架的小情侣，女生往往会说这么一句台词："我说的不是对错，是你对我的态度。"实际上，态度是社会心理学中定义最多的概念之一，很多心理学家对态度都有自己的理解，比较有代表性的就是奥尔波特。他认为态度受到行为影响，是一种心理和神经的准备状态，影响人对情景的反应，主要强调态度形成过程中对人们行为的反作用；克瑞齐则强调主观的经验，主要是个体对生活中某种现象的反应过程，把人当成会思考并主动构建事物的个体。另外，就是我想要讨论的弗里德曼，他认为态度是个体对某一特定事物、观念，或他人稳固的，由认知、情感和行为倾向三个成分组成的心理倾向。而弗里德曼对态度的定义是现在大部分人可以接受并认可的。

我们在认识这个世界的过程中，通常戴着自己的有色眼镜，也就是抱有自己的态度，而想要了解事物的本质、世界的规律则要尽可能地摒弃自己的态度，也就是所谓的保持客观。我们先聊聊态度的心理成分和关系。

弗里德曼对态度的定义有三个部分：

第一，认知成分，指的是人们对外界的心理印象，比如知识和信念，属于态度的基础部分。

第二，情感成分，是人们对对象的评价以及由此产生的情绪，比如对一件事情的对错观念。情感成分是构成态度的核心，也会影响行为。

第三，行为倾向成分，具有准备性质，但有时候并不一定会显现出来。

接下来我们逐条解释。首先是认知成分，当我们提到“炸鸡”时，可能有这样的认知：高热量、油腻、不健康。这就是态度中的认知，甚至有的人在听到“炸鸡”时会想到“增肥”二字。虽然这是事实，但是固执的认知态度就是我们常说的“偏见”了。那么第二种情感成分，简单来说就是肯定或者否定。比如我“喜欢”炸鸡，或者炸鸡是一种“垃圾食品”，这就是个体对一个对象的印象产生的判断，它会有影响行为的倾向，很简单，就是你会不会去吃炸鸡。第三就是行为成分，刚才已经提到了就是你根据自己的态度去准备做或者不做某件事情。比如我在减肥，那我肯定不会去吃炸鸡，可是我真的好想奖励自己，那么我也可以去吃炸鸡，哪怕我觉得炸鸡不健康。

态度的形成跟人的社会化是一致的，态度同样决定了我们的思维习惯，比如一个诞生在穷困家庭里的孩子和一个诞生在书香门第里的孩子，他们从自己父母、亲戚以及成长环境中学到的知识是不同的，而这些知识和信息都将组成他们对外界的态度。从某种意义上讲，一个人做出的某些行为就是他态度的反映。心理学家认为，态度形成以后，人们的内在心理结构就固定下来了，也会对个体的行为产生影响。而我更愿意相信，一个人的思维习惯跟态度的形成也是高度一致的。一个经常替别人着想的人，更善于站在不同的角度思考不同的观点；一个对任何事物都抱有开放态度的人，更善于做创造性的思考；一个客观的人，也应该更容易去反省自己。这都是态度形成对人思考方式的反作用。

了解态度的三个组成成分，可以更好地帮助我们了解自己的思维方式的形成。回想一下我刚刚提到的“炸鸡”的例子，是不是就很容易理解了？我们对某些事物的固有态度会给我们的思考套上一个限定，而突破和改变往往是人们的大脑很不愿意做的事情。前段时间有个词非常流行——“舒适区”。所谓舒适区就是你能游刃有余地完成各种事情的地方，在这里，你不会产生任何冲突也不需要费劲，但是长期待在舒适区会让大脑变得懒惰，不再需要创新和迎接挑战，慢慢地你就会被淘汰。除去已经退休的老年人之外，我相信每个年轻人对自己的未来都是有期许的，因此跳出舒适区就变成了热门话题。我要说的就是改变自己的态度，让思维跟着飞起来，每当碰到一件事物的时候，你的大脑一定会有一个态度，然后这个态度会影响你的下一步行动，那么每当这个时候，我们需要做的就是让思维跳出舒适区，尝试去开垦，打开另一个世界的大门。

韩寒——一个赛车手里文笔最好、作家里面导演的作品票房最高、导演里面车开得最好的“80后”偶像。他的出现就否定了人们对“好学生”的传统定义，他说“全面发展等于全面平庸”。当时某些别有用心的电视台邀请他上访谈节目，然后找一群所谓教育家跟他辩论，有趣的是韩寒不管是从礼貌教养还是知识言谈上都不输这些人。他的出现无疑是让中国人开始思考，什么样的学生才是优秀的。韩寒从“萌芽”作文大赛一炮而红，然后成为炙手可热的年轻作家，他依旧我行我素，后来又成了职业车手，第一次尝试电影和电竞都取得了不错的成绩，如今的韩寒也是家有女儿娇妻、名下有事业、心中有天下的成功者，当年那些预言韩寒是哗众取宠的“仲永”的人，恐怕真的没有好好思考过当初自己的态度让自己看起来多么目光短浅。而韩寒本人的成功当然是现象级的，但是也告诉我们，如果一个人的兴趣和爱好可以成为养活自己的职业，那么也许就不需要去走那条所有人都走的路。

人们对生活的态度无非是成家立业，然而大多数人选择这条道路，无非是因为这条道路最省劲儿，并且大多数人太平庸。我只是想告诉每一个人，你的生活态度应该由你自己确定，不要急于下结论，人的每一天都是余生最新的一天，你都可以有新的态度，你的思想可以飞得很远，只要你想，整个宇宙都可以为你闪耀。

做一个会问问题的人

我在大学上课的时候经常会问这样一个问题：“大家还有什么问题？”通常这个时候，整个教室就会陷入一片沉寂，每个学生都低头不语，就怕跟我有眼神交流，然后被我喊到他们的名字。然而我在给初中生演讲的时候，情况却相反，每个孩子都有许多问题，他们的眼睛里充满了求知欲。这就让我思考了一个问题，并不是我们的学生不会提问题，那么问题是不是出在我们成长的过程中？传统的应试教育和考试让我们的学生没有时间去思考，只能机械地记住所有的知识点，于是我们思考的习惯就慢慢发生了改变，我们从问“为什么”的人，变成了只会问“是什么”的人。改变的并不是我们的认知能力，而是我们的思维方式。

在上一小节中，我们谈到了透过现象看本质，那么问问题最初的意思并不只是问别人，而是对某个现象提问，对某个现象进行思考，可以说形成问题是思考的一个必经途径。看到飞鸟想到飞机，看到鲸鱼想到潜艇，看到月球开始想着飞出地球，这些都是我们人类思考之后提出问题、解决问题，并在实践过程中取得的成就。苏格拉底说，不经反思的人生是不值得过的。而提问的过程也就意味着反思，我们思考的方向也就影响了我们的态度，然后影响了我们的行为和前进的方向。日本企业高管教练粟津恭一郎在《学会提问——实践篇》（*The Art of Asking Good Questions*）中说道：“会不会提问可以造成人们人生的差距。”简而言之，那些优秀、成功的人是会提问、会思考的人，因为具备会提问的能力，他们是有创造性、有价值的，也是会在生活中不断发现问题的那一类人。

提问除了能提高创造性和思考能力，还有助于人际交往。举个例子，如果一个人走进办公室，看到你正在工作，经过思考问了你一些很有价值的问题，那么你可能会立刻对这个人产生好感，觉得这是个很聪明的人。因此，做一个会提问的人，不仅是思考的一个基础，也是沟通的一种手段。我们提到换位思考去更加全方位地理解周围的事物，那么沟通本身也是以思维为核心的，一问一答之间可以促进相互了解，也可以让你以最直接的方式得到信息，达到沟通的目的。

做不了会提问的人就无法成为善于用批判思维的人，事实上推动我们思维发展的并不是答案，而是问题。现在思考一下，我们喜欢什么样的问题？我们会用什么形容词去形容问题，犀利的问题？客观的问题？好问题？

大部分人发现，在自己的思维惯性下，提出的问题往往无法给大脑带来思考的刺激，反而是反映了大脑的惰性。很多人提问想要的就是问题，而并不重视思考的过程，这就是我们说的做一个好的提问者，目的绝对不是找到正确的答案，而是在提问的过程中通过思考达到解决问题的目的。大多数生活中的问题当然不是1加1等于几这类简单的问题，生活中的问题相当复杂。举个例子，怎样才能找到真爱？首先提出这个问题的人要想自己为什么会这么问，是因为自己一直没有找到真爱，还是感情受挫，还是单纯想哲学性地思考一下？这里涉及提问动机的问题。有一天你发现你提问的最初动机是思考，那么通过深度思考，大多数情况下你自己就能找到答案。

还是刚才那个问题，一个男生怎么判断自己的女朋友是不是他的真爱？让我们用系列问题的方法来进行深度思考。

一、我的女朋友是怎样的女孩？她和我心里的理想型是不是符合？

二、我跟她在一起的时候快乐不快乐？有没有计划过和她在一起的未来？

三、如果没有她，我是不是会觉得非常痛苦？

当你思考完这几个问题，就会知道“你是不是真的爱你的女朋友”。西方有一句谚语：“当你抛出硬币的那一刻，你就已经知道心里的答案了。”说的就是问题提出的那个瞬间，如果你已经进行了深度思考，那么答案便已经在你的脑子里了，这就是提问的力量和思考的魅力。

那么如何才能提出有质量的问题？怎样才能让自己成为一个会提问的人呢？

首先，我们了解一下问题的类型，第一种基于事实的问题，就是有绝对答案的问题。比如，地球上大部分淡水贮存在南极吗？答案只有一个，就是是的。第二种是基于偏好类的问题，答案非常主观，因人而异。比如，你喜欢什么颜色？你喜欢哪个国家？不同的人观点可以不同，没有必要统一答案。第三种是基于判断的问题，是一种是非判断，没有标准答案，要根据不同的情况得出答案。比如，美女好追吗？那分谁追，对不对？这是没有统一标准的。

我们在惯性思维方式下，通常不擅长根据情况回答问题，比如说我们很少知道可以用"不一定"来回答问题。雅思口语考试里有这样一道题目："如果地上有一片垃圾，你会怎么做？"如果按照我们的想法那就是捡起来扔进垃圾桶，但是在真正思考过的情况下，会怎么回答呢？我们应该先问，是在什么样的环境下？是在一个非常干净的教室里，还是在一个非常破烂、满是垃圾的地方？面对这两种情况的反应显然是不一样的。这就是思维提问，也就是说当你问一个问题，或者被问一个问题时，急于回答都是不合理的，先思考后开口，先思考后解答才是一个正确的逻辑流程。

做一个会问问题的人，做一个会思考的人，深度思考下进行逻辑性思考，可以帮助你在生活中解决问题，交到朋友，更进一步可以帮你想清楚生活中的许多是非，也许这样你就会变得比较快乐了呢。

观察是杠杆，撬起的是我们的思维

之前我们提到过，思维的基础是以现象观察为主题的主观活动。在各种历史剧中，我们都会见到许多谋士，他们“运筹帷幄之中，决胜千里之外”，有的谋士神奇到可以直接预测各种情况，就好像能未卜先知一样。《三国演义》里的诸葛亮，当时别人怎么请都不出山，可是独独相中了刘备。在闭塞的茅庐里，诸葛亮帮刘备剖析了天下大势，出山之后又帮刘备打下巴蜀，使当时的天下形成三国鼎立之势。影视和小说作品中往往有夸张的成分，然而表达的那种胸中自有丘壑的思维方式却是人们一直崇拜的。我们一直说思维的基础是对现象对象的观察，而一个人对思维的概念也就是基于这个人对周围事态、人物的基本了解。诸葛亮能在茅庐里观天下，必然不是只读书的结果，他对天下事情的了解和信息的搜集才是支撑他思考的重要数据库。由此可见，如何了解事态、人物，如何了解现实，是帮助人们学习思考、提高思考能力的一个重要支点。

那么如何了解事态和人物呢？如何跟这个世界进行有效沟通呢？第一步：观察。观察通常被认为是科学研究的第一步，当然也是形成思维的第一步。我们的世界就是由一个又一个现象组成的，而我们对现象的研究为的是从中发现事物运行的规律，从而更好地服务我们的生活。比如说人们了解了太阳运行的轨迹，就发明了作息制度；了解了月亮的阴晴圆缺，就发明了农耕月历。这是客观世界的事态，那么人文社会呢？你有没有想过，我们社会中的这些规则究竟是怎么制定出来的？交通红绿灯系统为什么对交通有如此大的作用？所有这些日常生活中你认为是约定俗成不需要解释的现象，实际上都是前人通过之前的现象总结并思考得出来的实践结论。而在观察的过程中，思考无处不在，否则你也就只能是一个旁观者。

了解事态和人物的第二步是记录，现在有一个词语非常流行——“大数据”。大数据是对观察的长期积累和记录。我们举一个最简单的例子，训练一条搜救犬，除了让它进行大量条件反射训练，还需要锻炼它的记忆力，不论是从嗅觉上还是视觉上，只要是信息信号就可以。我们人类学习认识一样东西的过程也是这样的，比如小学的时候为什么课本上会出现大量背诵和单词默写？背诵和默写的过程就是你记忆的过程，而我们经常说学习一样东西最好的方法就是总结反思，同时思考也在这个过程中同步进行。

第三是认知阶段，这个阶段是了解的最终阶段，也就是透过现象总结规律的一个过程，因此要求思考时精神高度集中。

通常情况下完成这样三个步骤，了解事态、人物的一个基本逻辑步骤也就进行得差不多了。

情感成分的核心就是说话

蔡康永曾经出版过一本畅销书叫作《说话之道》，重点讲述了人与人之间以语言为媒介的沟通技巧。很多人在生活中并不注意说话的技巧，甚至会认为“说话谁不会啊”。事实上同一个意思从不同人嘴里表达出来确实会是另外一种感受。举一个最简单的例子，有的人结束对话的时候喜欢用到“好的，我去忙了，你玩儿吧”，有的人的结束语会用“你先忙，我去做些别的事情”，同样的意思，可是两种表达方式让对方的感受是不一样的，包括“你听懂了吗”和“我说明白了吗”，这两句话也是不同的，一种是以自我为中心，一种是以对方为中心。为什么有的人说的话总是让别人感觉非常舒服？我们通常说这类型的人情商非常高，但是除此之外，说话之道也起到了非常重要的作用。在思考产生的过程中，情感成分的核心就是说话，一个会思考的人，必然也是一个会说话的人，而一个不会说话的人，在思考上的能力也是欠缺的。

情感成分从一定程度上表达了人们思考的一种主观惯性，也就是一个人基于自己的经历和经验对某些事物对象的主观态度。而说话是人类沟通的一种表达方式，也是我们表达自己的情感和思考的最主要的途径。我认为人们应该先学会思考，再学会说话，如果不会思考的话，宁可不说话，也不要乱说话，这不仅仅能帮你获得好的人缘，也能帮助你获得更多资源，积累更多知识，看到更广阔的天地。

鬼谷子是中国历史上一位颇具神秘色彩的谋略家，他的看家本领有两项：说话之道和权谋之法。说话之道包括了：学会倾听、换位思考、少说多做、想好再说、敢于表达。而我们在前面已经提到了说话之道就是思考之道，就是逻辑思维、深度思考。现在不光是在我们的生活中，连考试中都会用到逻辑思考能力。比如，在面试中，考官问的问题绝对不仅仅是字面意思，更多的是在考查你的逻辑思维能力。那么我们来分析一下鬼谷子的说话和思考之道。所谓“人言者，动也。己默者，静也”，意思是人在说话时心思就已经产生了，倾听的人则是默默地察觉对方的心思。从思考的角度来说，倾听者需要先了解事实、发现问题，然后去揣摩对方的心思、领会对方的意图，才能知道对话的真正目的。在平时的沟通交流中，要学会让对方把话说完，即使自己非常想插嘴也要尽量忍住。这不仅仅是礼貌的问题，当你想说话的时候，说明你开始思考了，那么你对对方的理解思维就减弱了，这样不利于你了解全局，因此，学会倾听，让别人把话说完。

换位思考——“反以知彼，覆以知己”，意思是通过了解别人，去了解别人的思维方式，做事之前要了解对方，这也是思维层面的知己知彼。做任何事情都要避免片面了解，然后去应对，所谓“知人者智，知己者明”，想做一个说话有说服力的人，首先要知道怎样才能去说服别人。知道对方想要什么，剩下的只需要投其所好，“看人下菜碟”就可以了。

少说多做，实际上非常容易理解。很多长者给初涉职场的年轻人的意见就是少说多做，“阖者，或阖而取之，或阖而去之”，意思是自我约束，管住自己的嘴巴，不要乱说话，让别人离你远点，从逻辑思维的角度来说，就是避免言多必失。多看多听多做，少说话，目的就是让你有一个信息搜集的过程，然后进行客观的逻辑分析思考，再下结论。有智慧的人从来不多嘴。举一个很有意思的例子，我在美国上课的时候发现一个现象，中国学生是话最少的，但是考试的时候也是成绩最好的，这让我觉得实际上中国的传统教育一直深埋在我们的文化血液里，我们的学生习惯默默努力，去听去学习，然后善于“一鸣惊人”。当然我不是说交流沟通不重要，很多时候“祸从口出”不是危言耸听，当你不明白情况的时候，不要多嘴才是上上策。

想好再说，“未见形，圆以道之”。所谓“三思而后行”，说话亦是如此，不要急于表达自己，凡事不要先下结论，要先思考再说话，“谋定而后动”，对我而言等于“谋定而后说”。

最后一个，敢于表达，这个和前面几个看起来是有点儿矛盾的，实际上当你的逻辑建立起来，弄清了事实，掌握了完整的事实依据时，也要敢于下结论，不要等待，不要过于追求完美，事情是一件一件做出来的。学会说话的技巧，在适当的时候表达自己的意思和思想，是一种有效的沟通方式。我有一个关于科研的例子，美国科学家做了一项长期的基因研究，可是数据一直不理想，所以带头的科学家一直不同意发表数据，就这样一直拖着，后来法国的科学家做了相似的研究，但是他们直接将不是那么完美的数据进行了演讲和发表，然后在接下来的时间里收集各方意见，取长补短最后完成了整个实验。而那个美国团队不但错失了一开始的发表机会，在后期也没有赶上法国团队的研发速度，虽然后来也完成了实验，但是这个世界是不会记住第二名的。这也就是当思考完成的时候，一定要尽快发表自己的观点，要敢于下结论，只要敢于纠正错误，就不要害怕犯错。思考如此，说话也是如此。

感情和思考并不是矛盾的，更不是对立的，感情是建立在思考基础上的，说话也是带有浓重的感情色彩的。学会说话，学会表达感情需要我们对自己的思考方式有最根本的训练，做一个会思考的人，做一个会说话的人，让自己爱这个世界，也让这个世界爱上你。

行为倾向，我们的误会

我记得2015年的时候，我去谷歌总部拜访朋友，然后在他们的员工休息室，也就是一个放满了游戏机和零食饮料的房间，见到了一场小规模的冲突。事情的起因是一个人在接冰激凌的时候，不小心把冰激凌掉在了地板上，然后没有来得及清理，害得后面一个来接冰激凌的人一脚踩上去摔了一跤。本来这不是大事儿，奇妙就奇妙在这两个人刚在会议中因为对下一个产品的设计有不同意见吵了几句嘴，于是这件事情就变成了推推搡搡的小规模冲突。事实上，如果这两个人对彼此没有态度上的偏见，也就不会出现这样的问题。态度决定了他们对彼此行为的主观认知，也就让他们的行为产生了敌对的倾向性，最后来劝架的人都说这是一场误会。

之前的章节里，我们提到过行为倾向。行为之所以有倾向性就是因为我们的思考方式和思考基础不同，因此产生了不同的态度，当态度转化成行为，就具有了倾向性。由于每个人的思考方式不同，每个人的行为倾向自然也有所区别。最简单的就是有的人对炸鸡爱不释手，有的人就对炸鸡避之唯恐不及，如果两个人持有不同的态度，表现出不同的行为倾向，并且不加以解释或者两个人的倾向完全相反，这个时候矛盾就产生了，而这种矛盾的产生跟对错几乎没有关系，只是立场和态度的问题。对此我们通常可以用“误会”来解释。

我们了解误会产生的原因，所以更加关心的是如何消除人与人之间的误会。想要消除误会，我们首先要明确的是发生的矛盾究竟是不是误会。一场误会中间应该是没有主要过错方的，比如说你在不知情的情况下拿错了别人和你一样的本子，那这是误会，但是如果你故意偷走别人的资料被别人发现了，那就不叫误会，叫盗窃。因此有人用“误会”作为一种被抓后的借口，这是要严格区分的。当你明确这件事情里面没有过错方之后，就意味着你已经明确知道这是一场误会，那么消除误会的最好方法就是直接沟通。

我们之前说过沟通的方法，也就是说话之道，按照说话之道，先思考清楚、调查清楚之后，跟当事人进行直接沟通是解决误会最直截了当的方法。许多人认为两个人闹矛盾之后，如果直接沟通会非常尴尬，于是找了第三者去传话。我经常跟我的学生说：“多一张嘴就多一重误会。”每个人表达的方式不同，思维方式也不同，排除传话者故意从中作梗的概率，那么他是否能清晰地表达你的思维、你的观点？而对方是否又能接受这样的传话？有时候害怕尴尬往往会导致更深的误会，因此想要解除误会，不要传话，要面对面直接进行沟通。

避免误会或者说想消除误会的第二个重点是——不要害怕认错。你们有没有发现误会在成年人中发生的概率要远远大于在小孩子中的概率？按照道理来说小朋友的思维逻辑肯定是不如成年人的，小朋友的社交手段也比不上成年人稳定老到，但是误会在小朋友中间非常容易消除，有一个很重要的原因就是，小朋友们更习惯说“对不起”。在成年人的世界里，有时候一句道歉能晚个十年，因为成年人有所谓“面子”，也就是尊严，或者说成年人总是认为道歉就意味着认错，这种观点让许多成年人无法直面认错这件事情。我们首先要明确的是，在人与人的正常沟通中是不存在绝对的对与错的，我们认错的原因和动机可以是一种企图沟通、企图理解的态度，而并不代表我们在这个行为中出现了错误的倾向。比如说你认为吃炸鸡不好，那如果我吃了肯定不是错误的，只是我个人的行为选择而已。如果我不小心影响到了不爱吃炸鸡的你，那么我可以道歉，毕竟我没有考虑到你的喜好，但是我爱吃炸鸡这件事情本身是没有错的，我也绝不会因为你不喜欢吃炸鸡而永远不吃炸鸡。一句认错、服软有时候并不代表示弱，相反只有自信和强大的人才会坦然地道歉，因为他们不会把自己的实力和尊严简单地建立在固执的行为上。

最后，也是我们的重点——思考。作为成年人，做任何一件事、说任何一句话都必须经过深思熟虑，因为说话和行动都是你为了达到某种和外界沟通的目的而进行的活动。如果你的行为倾向让其他人感到不适，你应该思考自己是否做了什么在他人看来不当的举动。

一个人的我行我素当然与他人无关，但是只要你生活在这个社会中，就必须红灯停、绿灯行，这是社会运行的基本规则。你可以去思考这些规则，它突显的不是个人利益的最大化，而是集体利益的最大化。当你明白这些道理的时候，你就会知道自己的某些行为倾向为什么会遭到别人的反对和不理解。举个例子，我真的非常抗拒那些在地铁上吃韭菜包子的人，且不说地铁上本来就禁止吃东西，在高峰期封闭的地铁车厢中，一个韭菜包子的威力堪比一个原子弹。你吃包子这个行为当然不能说是错的，但也不是误会，这个行为让周围的人感到不适，这种行为倾向就应该被制止。而在前几年大热的电视剧《琅琊榜》中，最后皇帝被逼承认自己当年犯下的过错，他非常愤怒，认为所有人都背叛了他，认为他当年被人欺骗才犯下的错误应该被原谅。可是他忽略了一个事实，这件事情的发生本就是事实，不愿意面对这个误会导致错误产生的是皇帝本人。因此一个误会不直接解决，是不会自己消失的，只会像雪球一样，越滚越大，最后演变成一个不可逆转的错误或者遗憾。

人的一生中，有太多的遗憾来自误会，而这些误会基本上来源于我们的行为倾向。思考可以帮助我们矫正自己的行为倾向，并不是说这样我们能变得更好，而是我们能够更好地跟这个世界和平相处。一生太短，对遇见的人好一些，遗憾就会少一些。

障眼法挡住了什么

《蒙娜丽莎》是一幅世界名画，它以自己传奇的经历和在视角构图上的精妙被人们津津乐道。曾经有人说过，从任何一个角度看蒙娜丽莎，她都在对着你微笑，这就是达·芬奇将物理学应用在构图上的结果。在此基础上，再加上他对画像背景配色的巧妙处理，这些元素整合在一起之后才给大家带来了这种视觉感受。有时候我们把这种魔幻的手段称为艺术，有时候我们也可以称其为障眼法。

大脑思考基于基本世界的观察对象，也就是来自外界的信号资源，而有些不准确的信息资源会让人基于错误的观察进行思考，也就得出了错误的结论，这就是我们常说的你的眼睛欺骗了你的大脑。还记得有一年网络上热议的裙子究竟是白金相间还是蓝黑相间的事情吗？对于同样一张照片，人们却有不同答案，而这些答案又完全不接近，简直是苹果和西瓜的差别。后来有人说是分辨率或者参考物的问题，实际上裙子当然有一个客观存在的颜色，但是对观察者来说，因为大脑接受信息的方式不同，所以得出的视觉结果也不同，结果网络上开始了激烈的讨论，最后甚至引发了骂战。举这个例子就是想告诉大家，有时候我们生活中不同的观点也许根本不分什么对错，而是人们观察的角度不同，引发了大脑不同的思考，而每个人都认为自己思考的是正确的，也就出现矛盾了。

如果我问你障眼法挡住了什么？字面意思的解释是挡住的当然就是眼睛。实际上眼睛是我们大脑跟外界沟通的感官媒介之一，也是大脑最信任的信息源之一，所谓“眼见为实”就是这么个意思。然而信息丰富繁杂，如果我们在思考的过程中去掉这种过分自信的惯性会怎样呢？其实，多看是没错的，但同时也要多想，而且要站在不同的角度上去思考。深度思考从来不只是单向纵深，横向的宽广也是深度思考的一个重要组成部分。

（图片来自互联网）

这个图片中是什么图案？你看到的是什么？

有人说自己看到了两个对着的人脸，有人说自己看到的是一个杯子。这就是不同的角度给我们带来的不同视觉感受。跟思考是一样的，每当我们在思考一件事情的时候，我们习惯走直线，比如说我们告诉自己的孩子，大灰狼是会吃小朋友的坏蛋，小兔子都是可爱的小动物，这些约定俗成的概念就会影响我们自己的感官。一个从未见过狼的人也会害怕狼，从未见过小兔子的人看到小兔子也不会觉得害怕。你可以说这是捕食者和猎物的本能，也可以说是我们的大脑给我们做好的世界观定义。站在不同的角度去看这个世界，去思考同一件事情可以让你发现这个世界更多的角落、更多的美好。

1924年，英国思想家罗素来到中国四川，那个年代的中国处于战乱时期，军阀割据，民不聊生。罗素来到四川的时候正值夏天，天气闷热，他和陪同人员坐着轿子被两个挑夫抬着往峨眉山上走。山路自然不好走，挑夫累得满头大汗，这时候罗素觉得都没什么心思去欣赏周围的风景了，他开始担心这几位挑夫的心情和情况。罗素想这些人一定非常痛苦，非常憎恨他，这么热的天气，还要抬着他上山，他们汗流浃背，他却坐在轿子上。到了山上一个小平台，罗素下了轿子，看了看挑夫，居然发现他们一字排开坐下，拿出了烟斗，说说笑笑，丝毫没有对天气的抱怨和对坐轿子的人的不满。他们还跟罗素说了四川的一些风土人情和笑话，问了罗素一些外国的事情，那种高兴的神情完全不像是有丝毫不满。这件事情对罗素的影响很深刻，他在《中国人的性格》

（*Chinese Characteristics*）一书中写到这个故事，还说：“用自以为是的眼光看待别人的幸福是错误的。”

每个人都可以有自己看待世界的角度，但如果被自己的想法挡住了更全面宏观的信息，那么你的判断自然也就不会是客观正确的。相反，你拨开迷雾之后看到的一切才最接近事物本来的样子，生活如此，做人如此，世界也是如此。人类这么辛苦地想要探索太空，这么辛苦地想要知道宇宙究竟是怎么产生的，我们从哪里来、到哪里去，都是想要对我们存在的这个世界有一个全新的了解。我一直跟学生说，只有当你有足够的信息，才能够做出最贴近当下实际情况的判断，一叶障目，挡住的不仅仅是你的视觉，还有你思考的途径，挡住的是你了解这个世界和其他人的道路和天边美丽的彩虹。

第四章 假设的力量

科学研究中有一个重要的过程就是——假设。人们观察和思考必须有一个支点，而这个支点就是假设，通过思考和论证，我们可以肯定或者推翻自己的假设。可以这么说，假设是思考最初的力量、最初的格式。

假定思维与工作效率

在西方逻辑学中，假设是思考的一个重要环节，从牛顿发现万有引力定律开始，科学家和哲学家就开始对整个世界的规则进行各种假设，之后就是实验验证和总结，然后不断做出新的假设，周而复始。那么假设是怎么产生的呢？很简单——通过思考产生的。我们一直说思考的基础是对客观世界的观察，而观察和思考之间实际上是有一个桥梁来沟通的，这个桥梁就是假设本身。当我的美国研究生第一次来到中国的时候，他看到满大街使用移动支付的人，感到非常震撼，当时说，如果不带手机的话是不是就没办法生存？他的这个问题就是一个假设，由于他看到了智能手机的普及性，所以觉得人们现在的生活已经离不开手机了，提出的问题就是人是否能离开手机生活？要粗略地做这个试验非常简单，只需要你找一个人，或者亲自把手机放在家里然后出去工作一天，体验一下就可以了。虽然说不带手机一定不会生活不下去，但不方便是肯定的。这就是一种假设，假设来源于思考，又比思考更具有多样性和可表达性，可以说假设是你的思维和这个世界沟通的一个方式，是你和这个世界对话的语言。

日本著名的咨询师赤羽雄二在麦肯锡工作多年，是韩国麦肯锡分公司的创始人之一，他曾经帮助韩国乐金集团成为世界著名的企业。为了能够帮助更多的职场人士，他将自己多年来的咨询经验和培训员工的方法写成了书。他有一个观点我非常赞同——解决问题的根本就是逻辑思考力。一个人的逻辑思考能力不仅能解决问题，还可以让人们通过逻辑思考和特定假设，预防一些可能出现的问题。赤羽雄二提出了一个能够提高思考质量的方法，可以帮助大多数人养成逻辑思考的习惯，并能够通过训练提高解决问题的思路——假定思考法。实际上思考的效率并不是让你一定要把思考和行为分开，而是要让自己习惯“一边行动，一边思考”，在行动中用思考的能力不停地完善自己的行为。假设思考法，也许你并不熟悉，但是实际生活中我们却经常会用到这种思考方法。举个最简单的例子：明天太热了，就不要穿外套了，或者马上就要出国旅行了，必须取点儿现金出来，这些都是情况没有发生，但是你假定会有这种情况，然后进行准备性的行为，这就是“假定思考”。假定思考是建立在其他数据和经验上的思考，你不需要花费大量时间和精力去做精确的准备和判断，而是需要尽快行动和决定，即使行动错误也可以及时纠正。比方说你穿得太厚可以脱掉外套，真的忘了取钱也可以到当地再取等。

然而，我们在日常生活中对假定思考的应用比在工作场所中要有效得多，甚至更加得心应手。为什么呢？通常我们认为是因为生活中我们的压力比较小，即使你忘记带伞，你也不会担心有什么重大损失，而在职场上，你要判断的事情更多。我们总是希望任何事情都能万无一失，害怕出错导致自己事业受到影响甚至失业。实际上根据假定思考的模式，不管是管理者还是团队成员都应该积极尝试这种一边思考一边行动的方式，这样可以使整个团队的效率更高。当然，我们所说的一边思考一边行动，也是要根据思考模式进行逻辑分析的，并不是冲动地让自己做出什么愚蠢的行为。那么在职场上，我们如何进行这种假定思考呢？

第一，设定。你要对当前的情况有一个基本的认识，并能迅速做出一个假设，比如说如果你是一个酒店从业者，那么马上到来的十一长假期间，客人可能会非常多，因此要准备一些促销活动，也许能让营业额更上一层楼。这就是假设。第二，检验。这一步在职场中很简单，搞一个小小的试点，比如说找一个有特殊意义的双休周末，做一个小小的促销，搜集一下顾客的反应等。如果营业额并没有显著提高的迹象，那么就要改变原来的设定。第三，修正。首先要检查一下第一个假设没有成功的原因，是因为促销的内容不合适，还是因为促销的手段不合理？比如说关注促销信息的人是否真的有空在周末出游，或者说是否因为酒店过于偏僻，所以不适合在周末进行短期旅游等。第四，重复验证和修正。这是最后一步，也就是要对修正过的方案再次进行验证，周而复始，直到最符合要求的情况出现为止。市面上有许多书籍提到过这种假设思考和修正的方式，这对提高工作效率非常有用，对训练思维速度和总结能力也有一定的帮助。

要想让有效的假设对自己的实际行动有所帮助，那么在思考假设的时候一定要弄清楚各种原因和结论，也就是说假设不论错与对都必须有一个原因。我们常说“实践是检验真理的唯一标准”，所有的假设都需要脚踏实地地积累，在实际工作中的经验越丰富，你的假设就越站得住脚。另外，假设是思考力的一种体现方式，认真思考解决问题时，假设只是一种解决问题的方式，思考的过程才是我们本质上应该提升和练习的。

说几个思考假设的小贴士吧。在生活中，经验很重要，但是一次成功往往不能代表普遍性，有时候偶然的成功比失败更容易迷惑人的思维，深度分析思考原因和结果之间的联系才是最重要的，因此反复验证必不可少；在工作上，“大胆谨慎”这种话每个人都会说，但是几乎没几个人能做到。所谓大胆就是要求我们在工作中勇于去假设，勇于去尝试，但是在求证过程中一定要谨慎，也就是说不能冒进。试点和试错成本都是通往成功的必经之路，而你的思考方式就是降低这个成本的最佳途径。假设是人类大脑最美的想象之一，不要扼杀自己的天分，也不要节制自己的思考能力，只有大脑能告诉你下一步该往哪里走，也只有你能告诉大脑，你到底要往哪里去。

价值观假设

我们之前一直提到做一个善于深度思考的人，首先要学会的就是用批判性的思维去看待这个世界和问题。具有这种价值观的人通常具有很强的包容性，不论面对的是否是自己的喜好，这个人都能客观地去认识这个问题，并且做出客观的评价。这类型的人对自己的信念是坚定的，对世界也是充满了好奇心的。每个人都会喜欢这样的人，都想要拥有这样的人生吧？那么在这一章我主要讲的就是假设。假设分两种：价值观假设和描述性假设。

价值观是什么？简单来说，价值观是人们为之努力的一个思想基础标准。比如说我们都在做自己认为有价值的事情，就是一种价值观。有的人想要做科学家，有的人想要做歌手，这都是不同的价值观，也就是对自己行为的一种思维定义。那么价值观假设是什么？定义是这么说的：“是在特定情形下没有明说出来的喜欢一种价值观超过另一种价值观的偏向。”只有把这些价值观假设融入推理的过程中，才能从结论去论证这个价值观是怎么样的。这样的价值观假设往往会对人的行为判断有很大影响，有时候也会具有一定的欺骗性，也就是说你是无法第一时间确定一个人的价值观到底是假设成什么样的。

价值观是观点，那么一个价值观对不同的人来说，认可程度肯定是不一样的，这种不同导致了不同的推理和行为判断。而价值观假设就是在推理过程中隐藏的思考过程。举个例子，你最好的朋友考试作弊，那么你应不应该举报他？在这里作为朋友的忠诚和诚实这两种价值观就冲突了。那么认为朋友情谊更重要的人肯定认为：我和他是朋友（原因）+朋友就应该彼此忠诚（价值观假设），所以我不应该举报他。那么同样，认为诚实更重要的人就是这么想的：我不该说谎（理由）+撒谎对其他同学是不公平的（价值观假设），所以我应该举报他。那么所谓价值观假设就是在你的行为判断中隐藏的一个标准，也就是说假设价值观和你的逻辑判断是有直接关系的，不同的价值观假设会导致完全相反的决定，而根据你的假设，这个行为也是最符合这个假设的，但是按照我们正常的价值观来说，对作弊我们应该予以报告，因此所谓朋友之间的忠诚就是一个诡辩的价值观假设，是具有欺骗性的。朋友之间的忠诚不应该是这种愚忠，而是对彼此的扶持和正面的帮助，所以第一种价值观假设就是建立在不符合主流价值观上的思维方式，而结论自然而然也是有失偏颇的。

既然假设价值观可以影响你的推理结论，那么这个假设就变得尤其重要了。有时候这种价值观假设是在你的潜意识里的，是你意识不到的一种倾向，即使你觉察到有一丝丝不对，也会说服自己，甚至忽略这个不对劲，这就是一种价值假设对思考强烈的影响。我们刚才举的例子是作弊，如果放大了来说“不举报”甚至可以成为包庇，情节严重的包庇行为的人是会判刑的。

在众多假设价值观中，许多人很反感的一件事情就是所谓“道德绑架”。

道德绑架之所以会频繁出现就是因为这种价值观假设具有很深的隐藏性，比如说你在公交车上不给老人让座，那你就是没素质！你用外国品牌的手机，那你就是不爱国！这种价值观假设本身就是有问题的，可社会上某些人就喜欢用这种价值观去要求别人。每当你听到那些所谓爱国者去批判别人的时候，不妨想想他们假设的价值观究竟都是些什么？所谓有素质，所谓爱国难道仅仅局限于这几件事情吗？难道客观的其他情况就可以完全不计入考虑范围吗？避免欺骗性的价值观假设，我们需要的是更深层次、更为理性的思考。如果你不想被道德绑架，也不想绑架别人，那么你自己的头脑就要时刻保持清醒。实话实说，正确的价值观假设真的是一种利人利己的思维方式。

按照逻辑思维，我们接下来要说的当然就是如何避免具有欺骗性的价值观假设。在生活中，我们都有自己的立场和实际情况，这是我们绝对了解的，但是别人的立场和实际情况相对来说就隐蔽得多了。首先不论你做任何事情和决定，只要是在判断的过程中牵扯到关乎别人利益的事情，那么一定要思考思考再思考。这时候并不是让你逮着一个问题使劲想，而是要多方面、多角度地去考虑。模拟行为结果也是非常好的方法，甚至是在脑中进行沙盘推演，这样可以让你预想到许多结果。另外，和别人交流也是一种不错的方法，毕竟每个人的观点不同，我们说了做一个会思考的人就要有包容性，要能接受各种各样的思维方式和观点，那么，来自另一个人的价值观假设从一个侧面可以给你提供另一个思路或者另一种思维方向，这也有助于你更全面地去思考这个问题，然后再做决定。我们在上一节里面提到了一个做法——修正。我们是正常人，都会犯错误，但是我们修正的过程一定要快，越快越好，因为只有这种快速思维和修正才能让我们的错误不至于恶化。我们常说如果你走在错误的方向上，不管你什么时候转身都是走在了正确的方向上。

价值观假设，因为其隐秘性和容易被影响而时常被人们忽略，而它在推理过程中的作用又是如此有力。大脑很神奇，如果你不能控制你的思想，那么大脑就会欺骗你，如果你习惯了深度思考，让自己更了解自己的大脑，也就能更了解身边发生的事物规律。我们生活的世界只有三维，但是思考能带给你的维度是无限的，只要你想，世界就能无限大。

可以名状的假设

近期公司里出现了这样一件事情，引起了我的注意。每个月公司会做一个小总结，跟踪每一个成单顾客的消费轨迹和未成单顾客的情况。我们发现，当产品的价格超过3万元时，100元的订金比1000元的订金更难打动客户。什么意思呢？就是说假如销售人员要求客户交订金，收取1000元比收取100元成单的概率更大。看上去很违反常理对吗？为什么少的钱人家反而不愿意交呢？这里就涉及一个假设概念。我买好几万的东西，你只收我100块钱的订金，那这么少可能你就是想骗我这100块钱啊。然而如果订金是1000元，那你承诺了不购买后可以返还，这不是小数目，估计你也不会真的不返还，100块钱就是你说不给了，我自己可能都会怕麻烦不去要了。这样一想之后，很多客户可能真的就不会去交那100元，反而觉得交1000元更加可信。这就是人们在面对客观世界事物时内心做出的一系列假设。

我们了解了假设的机制和作用之后，那么怎样去揣摩这些假设，让自己的思维跟得上假设并且将假设收为己用呢？这才是我们深度思考的最终目的。深度思考从来不是胡思乱想，深度思考更接近冥想，是一种参悟、一种了解、一种透彻的逻辑。现在这一小节我们重点用下面的例子说明一下假设是可以被看到的，而且可以被利用。

1884年，一位欧洲公司的职员在外面跑业务，碰到了竞争者，他想为自己的公司争取到这笔生意。当时的欧洲使用的还是羽毛笔，当他给对方递上笔的时候，笔尖里流出几滴墨水把合同给弄脏了。这下子合同上有些关键的字句就被弄得看不清楚了，他只好重新去取一份新的合同，而就在这段时间内他的竞争对手捷足先登了。这位职员思前想后得出一个假设：如果当时羽毛笔不出问题，这笔生意肯定是自己的。这个假设使这名业务员非常懊恼，然后这种懊恼变成了一种动力，他决定研制一种更方便使用的墨水笔，最后自来水笔就这样被发明出来了，这名业务员就是沃德曼。

我们通常会从教训中获得经验，从错误中积累知识，可以这么说，我们成年之后比的并不是谁更完美，而是谁更少犯错。错误不可避免，所以你的每一次失败和错误都必须有价值，这些所谓的失败中存在着很多假设，不管你揪住哪一个都可以学到东西，唯一的要求是你必须从假设中通过深度思考获得指导你接下来的行动的结论。就像沃德曼一样，他对这次生意失败的假设就是那支不给力的羽毛笔，于是他改变了这一点，后面他的发明专利为他带来的成就远远高于一个业务员。假设的价值在于你的思考，在于你的坚持，不要放过你生命中任何一个灵光乍现的时刻，因为每一个小小的灵光都有可能送你走上高光时刻。

1900年，普朗克教授在花园里跟儿子一起散步，那天的他非常沮丧，说道："我的孩子，我今天有个发现，跟牛顿爵士的发现一样重要，但是有些遗憾。"普朗克公式和量子力学假设的出现打破了以牛顿为权威的经典力学对这个世界基本规律的描述，同时也打破了作为一个物理学家的普朗克对牛顿的完美崇拜。他最终宣布取消了自己的假设，这让物理学理论的发展停滞了几十年。直到二十五岁的爱因斯坦冒天下之大不韪，跟随着普朗克假设继续思考提出了光量子理论，最终奠定了量子力学的基础，随后又冲击了牛顿绝对时间和空间的理论，震惊了整个物理界，成为人类科学界的一颗新星。

且不说普朗克教授失去了一个流芳百世的机会，单就他自己对偶像的假设，不但没有帮助自己和科学的发展，反而使我们的理论物理受到损失。在争分夺秒了解世界的过程中，一个人的假设思路可以对整个行业有很大的影响，而爱因斯坦的思考则从另一个方向出发，他假设就算自己错了，那么也不过是从一个侧面证明了牛顿的物理理论是无懈可击的；如果自己假设对了，那么对牛顿的物理理论也起到了推动和补足的作用，因此他不会胆怯，这个"追光者"就这样成了我们了解宇宙的一个基本支点。

事实上，我们可以看出每个人做事情前都有自己的假设，我们甚至可以将这个假设理解为是一个人行动的动机。假设是可以看出来的，你自己有，别人也有。在自己收集信息之后，问问自己有几种假设，思考一下自己的假设究竟是以什么样的逻辑成形的，这样你的每一步行动就将有理有据。而当你面对沟通对象的时候，对方在跟你说话之前会有一个心理假设，这个假设包括了对你的态度和定位，如果你能够看出对方的假设，那么在沟通的时候就能达到事半功倍的效果，这就是我们常说的沟通的情商。对假设的思考，同样包括了收集信息、整合信息、列出可能性、得出假设四个步骤，实际上这四个步骤都非常直接，只要你在日常生活中能够把这几个步骤都列出来，只需要你每天用一个小时的时间来思考，那么你的每一个第二天都将是非常有效率的。要记住，我们的世界比的从来不是谁最完美，而是谁能从错误中获得信息，谁能从信息中获得有效假设，谁能从假设中得出最贴合现状的结论，从而指导自己的行为，让自己走在别人前面。

给你一个寻找真理的线索

我们人类存活了这么多年，思想家一直在探索的就是那个被称为“真理”的东西。真理是什么？字面的意思应该是真正的道理。我们强调深度思考，说的是思考的维度，而我们所说的深度思考绝对不是一次性思考，这是一种持续性思考、一种状态、一种习惯。我们想要知道人生究竟应该怎样活才是最有价值的，我们希望别人能告诉我们应该怎样做，这就是我们一直追寻真理的价值的原因。然而几十个世纪以来，大部分人类已经明白了真理的确可能存在，但是如果想用一条真理去解释所有问题，去应对所有麻烦，这本身就是不合逻辑的。

我理解的真理应该是一个思路、一个假设甚至可以是一个方法，真理不应该是告诉你如何去做的具体条款，而是告诉你该如何解决、如何思考的线索，当你能够了解真理究竟是什么，那么你才可能接近真理本身。大多数情况下，我们首次碰到问题的时候，思考的深度是不够的，想要接近这个问题的真理或者本质，需要的是反复思考、反复论证、反复纠正，所以在我的认知里，真理无法被发现，只能够无限靠近。相传，释迦牟尼三十五岁的时候连续做了五个五彩斑斓的神奇的梦，梦醒后他决定发起寻找真理的苦行生活，在菩提树下思考，直到顿悟。这个小故事告诉我们的不仅仅是佛陀本人的传奇人生，更多的是思考的重要性。也许许多人在生活中能得到启示，但只有真正反复思考的人才能接近本质、接近真理。所以，思考本身就是寻找真理的线索。

历史上通过思考得出真理的人不在少数，大家小时候写作文用到的这样的例子就已经不胜枚举：哥德巴赫猜想、哥白尼对宇宙的推测等，我们人类是一个多么聪明智慧且勇敢的种族，我们发明了核动力，登上月球，探索太空，我们的大脑给我们的最大天赋就是思考，然而物质文明日益发达的我们，精神文明发展的脚步反而慢了下来。前几天我们讨论班里就有同学提问，为什么现在的思想家越来越少了？为什么现在的作曲家越来越少了？为什么经典都是五十年前的？人类之所以聪明是因为我们的主观能动性，人类之所以愚蠢，也是因为我们的主观能动性。深度思考中我们介绍的是一种线索，一种思考的方式，我们所说的深度思考绝对不是随便想想，或者是胡思乱想。子曰：“吾日三省吾身。为人谋而不忠乎？与朋友交而不信乎？传不习乎？”所谓真理，大概就是被反复提及的一个理论和过程吧，而纵观人类的发展史，除了思考好像所有的理论都曾被打破重建推进过。

爱因斯坦有一次在课堂上出了这样一套题目：“现在两个修理工人同时从一条烟囱里爬出来，一个很干净，一个很脏，你们觉得谁会去洗澡？”一个学生回答道，当然是脏的工人该洗澡啊！爱因斯坦接着说道：“那么这样想，干净的那个工人看到对面那个脏的工人，觉得自己肯定很脏，而脏的那个工人看到干净的工人会认为自己很干净，你现在觉得谁会去洗澡？”

另一个学生说，那干净的那个工人应该会去洗澡。除了这个学生之外，别的学生也同意干净的工人会去洗澡。

实际上在爱因斯坦的这道题中，谁先去洗澡都不对，因为两个工人是从同一个烟囱中出来的，怎么可能一个是干净的，一个是脏的呢？也就是说这个题目本身的假设就是有问题的，而这个大前提的不存在，导致后面两种可能性都不存在。这就是我们所谓的思维定式，我们在得到选项之后习惯性地会去思考哪个是正确的，而不是去思考这道题本身的假设是不是有问题。所以当你在想什么才是真理的时候，不妨问问自己你的前提是否合理，你问的这个问题是否有答案。

既然深度思考就是寻找真理的线索，那么该如何建立深度思考的习惯呢？

首先建立自己的模型，也就是要把自己的每一个设想都在脑海里勾勒出来，然后开始演算所有的可能性。在这里我们推荐大家写下来，因为毕竟大部分人是脑力没有完全开发的普通人，所以把自己的计划写出来，然后写出所有结果的可能性，并且标注所有因果关系以及自己做这件事情的动机、原因等，在思路不通的时候就要返回来看一看是不是前提假设出了问题。

其次，让自己的思考成为常态就要不断地审视自己。所谓自查并不是每天只看看自己有没有做错事情，更多的是要看自己已经完成的事情中有没有可以优化的部分。每一个优秀的工作者都会在工作过程中不断地优化自己的工作体系，直到达到最符合现在的环境，也就是最高效的路径，这也是让自己养成深度思考习惯的方法。

最后必须用实践去检验自己所有的想法，并且从中得到反馈和经验。虽然人们常说灵感都是突然闪现的，但是那零点几秒的灵感经常是由前期大量的经验和实践积累出来的，在实践中不断学习、不断思考、不断磨炼自己，才能让自己的思考模式更加顺畅，同时也能在自己的领域更加游刃有余。

生活中的我们总是抱怨时间太少，工作压力太大，实际上利用你看书的时间去思考，养成看书并且思考的习惯，或者每天跟自己辩论十几分钟都会对训练大脑很有帮助。真理不常见，甚至不可见，我们只能无限靠近它，而所有的真理又必须靠我们自己去检验。每个人的生活不同，主观经验也不同，这就决定了每个人最终会得出自己的一套“真理”。至于你的真理有多真，那就要看你的思考深度了，唯一能肯定的是一个习惯性思考的人，一定比一个偶尔想想的人，活得更明确，走的弯路更少。

第五章 演绎法最迷人的地方

演绎法，逻辑学的华尔兹，迷人且捉摸不定，却发散着可以让人走入思维深处的诱人味道。你知道福尔摩斯为什么这么令人着迷吗？正是因为他的思想远远超越了我们。

不能证真的理论

古希腊著名的哲学家、思想家亚里士多德，在他自己生活的时代提出了许多哲学思考，他的思想是超越那个时代的，也给我们留下了许多知识思考体系，即使现在还是有许多哲学家在研究这些思考方式和逻辑演绎法。演绎法是一种由一般到特殊的推理方法，推论的前提和结论之间是有必然联系的，是一种确实性的推理思路。亚里士多德去世后的几个世纪中都没有人再像他一样能够如此细致地进行逻辑演绎系统推理，因此他在哲学界的地位是不可撼动的，而他在科学史上也有很高的地位，是主张研究演绎推理的第一人。

在自然科学理论中，演绎推理是非常重要的一个步骤，而我们尝试科学假设是无法证真只能证伪的。这是什么意思呢？就是说从逻辑学来说，你只能证明一个理论是错误的，而不能证明它是正确的。这样的方式更符合逻辑，更能够让我们的思想体系不断进步，而不是被权威化、经验化。

说起自然科学领域第一个成体系讲述逻辑思想的著作，就不得不提到欧几里得的《几何原本》（*Euclid's Elements*），古希腊数学家欧几里得的主要贡献不仅仅限于数学，更重要的是他创造了一种科研方法，这种方法体系的建立对后世科学研究的贡献远远大于数学科学本身。如果你有幸读过《几何原本》，那么你会发现对于几何学本身的研究就是一个逻辑非常严密的演绎体系，它从少量的几何公理出发，导出更多的定理，然后再论证这些定理的真实度以及实际应用的方式方法。欧几里得是第一个用亚里士多德逻辑三段论形式表述的演绎法来构建知识体系的人，实际上他对逻辑的严密性更为重视和关心。也正是在他之后，所有的科学家和哲学家都开始了这种逻辑严密的演绎法体系论证。牛顿曾经声称自己不需要假设，但如果他从不曾假设的话，万有引力就无从谈起了，他同样进行了假设，他的演绎推理过程也同样是符合逻辑的，只不过他并没有把这种逻辑和假设联系起来。爱因斯坦说，理论家的工作分成两步，首先是发现公理，然后是通过公理推出结论，至于哪一步简单，哪一步更难，实际上是没有什么可比性的。所谓大胆假设，小心求证，在科学领域同样重要，然而只有符合演绎法推理的公理最终才能被论证，换句话说，没有被证伪的理论，目前情况下就可以认为是符合当下的条件的，也就是我们所谓的狭隘的"真的"理论。

实际上不管观察结果和客观事实相符还是相悖，我们都无法证实和证伪一种理论。如果观察结果不是客观事实，那么我们的观察基础就是错的，我们没有其他方法来证伪和证真；如果观察结果是事实，那一种理论同样有五成的概率被证真或者证伪，这也就是我们常说的科学无法被证实的意思。实际上我们讨论这个问题只是为了更多地让大家了解演绎法的思考体系，如果你非要知道学这个东西的作用，那应该就是面对生活中的所有事情都不要轻易下结论吧，因为所有的结论都有条件性和时效性，你在今天看到的月亮，就不是昨天看到的月亮了。

在一档非常出名的亲子类综艺节目中，有过这样一个预告片，预告片里面多多指责贝儿偷钱，然后镜头一转，贝儿委屈地哭着，一边哭一边说着什么。预告片放出之后，网友们炸了锅，很多关注这个节目的网友开始疯狂地攻击多多，说她年纪大、心眼多、冤枉贝儿等，一时间网络上很多不堪入目的语言都对准了这个不满十岁的小姑娘。结果等到节目正片播出之后，大家才发现多多说的“偷钱”到底是怎么一回事，发现自己冤枉了多多，于是又在网络上发起了“向黄多多道歉”的活动。实际上，我们先撇开网络霸凌的危害不提，这种事情本身就是人们对自己看到的对象武断下结论的现象。我们只看到了预告片，也就是说我们根本没有接收到整个信息，而是经过对这些信息的推理，加上自己对多多之前的印象和评价就草率得出了结论。这种结论当然和公理不同，但实际上我们在生活中做出的这种不合演绎法的结论非常多，也就是说我们的结论是没有完整前提的，我们的思考过程也多是基于经验而不是事实，更别提让你再去论证。大多数人在生活中自顾自地活着，不是说他们自私，而是他们把思想禁锢在自己的舒适区里，不接受外界的新信息，也不承认自己的问题，然后随随便便就得出一个结论，还不停地说服自己和周围的人承认自己的逻辑就是正确的。每次看到有一些公众人物因为网络霸凌患上抑郁症，后来发生一些悲剧，我都不禁在想，如果我们能把演绎法运用到生活中，是不是这些悲剧就不会发生，或者少发生了？

举个最简单的例子，当年冯远征出演电视剧《不要和陌生人说话》里面的家暴老公安家和一举成名，霎时间全国人民都认为他就是个虐待狂，有的人甚至去辱骂指责他，还有人要去保护冯远征的妻子。实际上，如果我们按照演绎法体系去思考，那么得出的结论应该是——冯远征是一个非常优秀的演员，而不是冯远征本身就是一个家暴狂。我在举例子的时候，经常有同学说懂了，可是到了该自己思考的时候依旧会跑偏，这是为什么？很简单，缺乏练习，你的大脑和思想一样，需要训练，需要学习，需要去习惯逻辑思考、深度思考。这个世界上从来没有天生的哲学家和思想家，那些善于深度思考的人都经过考验和训练，有的思想家为此付出了沉重的代价，甚至是生命。于我们而言，演绎法推理体系就在书中，就在我们身边，而想要成为一个会深度思考的人，你只需要把这些知识学起来，然后不停地练习。当有一天你的大脑能够瞬间反应出因果联系和当下结果的时候，你自然就知道生活中发生的事是真是假、是对是错了。

推理的演绎之谜

推理小说和与其相关的影视作品一直是经久不衰的艺术题材，人们之所以对这些作品如此着迷，就是因为它们有着强大的逻辑魅力。当我们都以为自己看到的是真相的时候，突如其来的反转和巨大的逻辑旋涡又让人们无法自拔。如果说思考是在大脑中静静进行的一场战役，那么推理就是有声的思考，整个推理过程就是一环扣一环的思考，正如多米诺骨牌，能够让所有骨牌顺利倒下的方向和角度只有一个，那就是正确的思考方式。

美国首都华盛顿广场上有一座著名的建筑——杰斐逊纪念馆大厦。这座大厦年头已久，表面残破不堪，甚至出现了裂纹，这让市政府非常担心，于是派出了调查员去解决这个问题。调查显示，是酸性物质导致了大楼的残破，调查员认为冲洗墙壁的清洁剂中含有酸，对大厦的表面有腐蚀性作用，尤其这是一座纪念大厦，因此冲洗的次数比普通大厦要多得多，于是受到腐蚀的侵害就更加严重了。然而，调查员首先想到的并不是降低清洗次数，而是为什么大厦需要清洗，原来大厦每天都会被大量的鸟屎弄脏，尤其是燕子的屎，那么为什么燕子会聚集在这里呢？调查显示，大厦上有许多燕子爱吃的蜘蛛，那么蜘蛛为什么会多？因为墙上有蜘蛛喜欢吃的一种飞虫。为什么这里飞虫多？因为这里的尘土适合昆虫繁殖？实际上这里的尘埃并没什么特别之处，只是楼内的光线产生了令昆虫兴奋的感觉。由此一来，调查员得出结论，因为光线的影响，所以大厦被腐蚀严重，于是——拉上窗帘就可以了。大楼照做了之后，果然裂纹等现象没有再急剧增加。这就是一个推理解决问题的全过程。

什么叫演绎法，我们在前面已经做了介绍。那么推理是什么？根据上面这个例子，可以看出推理是一种过程，是一种形式逻辑。推理的定义是由一个或者几个已知的判断前提，导出一个未知的结论的思维过程。上面的例子中，前提就是大楼有裂纹，每天被清洗，经过推理，加上中间多出了许多条件信息，得出的结论是拉上窗帘就可以减缓大楼的腐蚀情况。看起来前提和结论之间并没有什么关联，然而实际上所有的推理过程都可以是不可见的，因为每一个步骤都有无数细节参与其中。推理是一种用来寻找规律和解决方法的科学，它最有魅力的地方不外乎从已知推向未知，特别是有时候可以反常规地不通过经验来解决问题。我们说过演绎法一般是从规律出发，运用逻辑论证，从一般到特殊；归纳推理则是从多个事件中寻找一般性概念，从特殊到一般。这就是通常说的演绎推理法和归纳推理法了。

在我们的日常生活中，推理不仅仅能帮助人们寻找事情的真相，也可以帮人们找到自己应该树立的目标，为我们面对的问题提出合理的答案。推理存在两种方向，分别是逆推和预测，这两种方向可以相辅相成，作为我们生活的参照标准。

曾经有人说过，如果你能把福尔摩斯的推理用在生活当中，虽然不能保证你的生活会是最成功的，但可以确定你的生活会是非常合理的。有两个学生，一个上了大学之后觉得可以彻底放飞自我了，他终于可以尽情地玩耍，尽情地打游戏，可以逃课、睡懒觉、谈恋爱，生活可以过得非常惬意，他的前提是上了大学终于自由了，结论是他现在可以为所欲为了；另一个学生上了大学之后，给自己制订了长远的目标和计划，认为自己前十几年拼命努力学习就是为了考上好的大学，考上好的大学是为了找到好的工作，找到好的工作就能有幸福的生活，遇到质量更高的爱人。这两个大学生各自有各自的推理，但是生活的好坏、习惯的优劣大家一眼就能看出来。并不是说第一个大学生的结论是错误的，只是他的结论下得过于仓促和没有长远性，对未来毫无帮助，即使是对的，他的人生也会过得非常颓废，毕业之后等待他的肯定是毫无竞争力的自己和巨大的生存压力。推理的时间长短给你带来的效果是完全不同的。当你的思考足够深刻，计划足够长远，推理的过程足够复杂，那么你的结论也就能支撑你更长时间，换句话说，你合理的生活就能持续更长时间。

再来说一个问题，现在很多年轻人面临着家长对自己的催婚、催生等问题，有的年轻人甚至因为这种压力连家都不敢回。

那么，家长的推理过程是什么样的？我们首先要了解，有一种很简单的逻辑：别人都结婚生小孩了，你为什么不能？这种逻辑最简单，因为这种逻辑没有推理过程，只是一个经验产生的结论。因为大多数人选择的生活不一定是最幸福的，但一定是最值得被选择的，这种时候，你就应该问问你自己是不是需要和别人一样的人生。在推理过程中，我们要做的是沟通交流获得理解，而不是吵架斗嘴分出胜负，这也是思考变成形式化的一个最重要的作用。第二种逻辑：父母认为年龄到了，如果还不要小孩，将来带小孩费劲，或者是不要小孩不结婚，以后没有人做伴。这种推理相对来说是有一定路径的，但主要还是依靠经验，比如千百年来，中国有这样的赡养传统，然而在现在的社会环境下，年轻人越来越独立，说句很难听的话，如果你家的孩子可以做到自食其力不啃老，我觉得就已经是个独立的年轻人了。你要想明白，你是否真的想要和这个人结婚，而不是去想你是否要结婚。至于孤独，大多数时候人的孤独并不是空间物理上的孤独，而是身体和精神上的孤独，甚至是越热闹越孤独。

简单的推理过程，可以帮助你梳理自己需要的到底是另一个人的陪伴，还是继续充实自己；是需要勇敢拥抱爱，还是继续等待。人生是你自己的，逻辑推理能帮你的有限，但是深度思考过后的你，一定能拥有一个更为清晰的目标和未来。

循环论证的死胡同

今天早上开车的时候我听到一首歌的歌词，很“洗脑”但是很没有营养——“爱的魔力转圈圈”，我有时候会很好奇，为什么越来越多的人喜欢一些并不是很深刻的文化？我承认这些东西很有趣也好笑，能让人放松心情，可是静下来想一想，我发现如果我拿着手机看这些搞笑的东西，我可以好几个小时不放手，不禁觉得有些可怕，这些“圈圈”好像有魔力一样困住了我的时间。我坐在电脑前思考着这件事情，因为人们现实生活中压力太大，所以需要放松，因为需要放松所以更喜欢这些不需要费脑子的文化？那以前的人生活压力也很大，为什么还有那么良好的阅读习惯？到底是社会变了，还是人变了？思来想去，我也没有得出结论，于是我自动掐断了自己的思路，换了一个角度思考。人们的本能是用最快捷的途径获得大脑需要的信息，那么现在的手机网络无疑是最佳选择，而人类的另一种本能是追求快感与快乐，那么这些比较不需要思考的信息最能满足人们日益增长的娱乐需求，自然而然就成了现代人放松的首选。这些文化不是必需的，但也可以缓和大量的社会矛盾，调节人的心态。既然静不下心看书，那让自己开心起来，最起码不会给社会增添负担。那么，就是说“洗脑文化使人快乐”，论证这句话的论据就是论题本身，不需要任何其他论据了，这就是我们说的循环论证，在循环论证中又可以被称为“限定结论”。

循环论证的存在通常依赖于论题本身的真实性，比如说洗脑文化很快乐，论据就是洗脑文化使人快乐，而这种快乐本身要依靠它自己的属性来证明，没有因也没有果，自己形成一个命题和结论。这听起来有点儿费解对不对，那么我再说一个例子。

2002年，一群少年被指控谋杀了一个小孩子，结案陈词的时候，检察官指出被告“毫无悔意”，而如果他们并没有杀人，那么他们根本不需要表现出悔意，所以他们最终被宣告无罪。这就是循环论证，在逻辑学上这种判断确实是成立的，因为结论可以完全等同于前提，也就是说推论从起点走到起点。亚里士多德把循环论证称为实质谬误，而不是逻辑谬误，即这种逻辑根本没有意义，所以可以说循环论证在没有出现其他的论据之前，处于非证实也非证伪的状态，所以不算谬误。当然，2002年这个事件中，还存在其他一些证据，并非是完全依靠逻辑来宣判的，不过这个结案陈词中法官的判断逻辑可以完美地解释循环逻辑，因此也被当作一个比较经典的逻辑案例。

我们在生活中有许多这样的例子，比如学生甲问学生乙：“你为什么学习好？”学生乙说：“因为我爱看书。”学生甲问：“你为什么爱看书？”学生乙说：“因为我学习好。”这就是经典的语言中的循环逻辑，看似有道理，实则没有任何实质性的意义。我们在生活中经常会陷入这种循环逻辑，然后耗费掉大量时间，你以为你在深度思考，其实你只是在一个地方绕圈圈，并没有深度思考。深度思考和时间并不是成线性关系的，思考的深度只和思考本身有关系，而循环论证的过程本身如果不加入新的论据，就是没有意义的，也就是说当你发现自己纠结于一点走来走去没有结果的时候，基本上可以切断思维，要么停止，要么换一个角度重新来过。

实际上，在科学中，无意中陷入循环论证的事情也不在少数。比如说牛顿在创立经典力学体系的时候，由于受到波义耳定律启发，将质量定义成了密度和体积的乘积，而在后来的二百多年中，这个定义一直被广泛利用。直到1883年马赫提出了质疑，他认为牛顿给出的质量定义实际上就是逻辑上的循环论证，质量以密度来定义，而密度又只能以单位体积中的质量来定义，那么这两个概念实际上是在互相定义，并非绝对定义。于是马赫给出了新的定义：两个相互作用的物体的相对质量，是用它们相反的加速度的反比来度量的，这一固定的比例取决于物体的固有属性，这一属性就是质量。实际上牛顿的经典力学中也有消除循环论证的方法，就是引入了惯性的定义：$m=f/a$。质量用惯性和运动加速度来定义，就消除了循环论证，引入了其他论据。所以说，不管是在文哲方面，还是科学方面，循环论证都会出现，也可以被消除，它的消除就是我们思维进步的表现。

我一直认为逻辑很美，推理很美，连循环论证都像一个深渊一样诱人，令人着迷，因此我从未放弃过思考和学习。面对烦琐的生活，我觉得人们更应该慢下来去思考、去体会、去感受，哪怕是循环论证都有自己的魅力。自己证明自己的存在，难道不是一个经典的哲学问题吗？不是所有人都能成为思想家和哲学家，但至少逻辑推理和演绎可以帮助我们站在距离我们最近的山顶，穿过迷雾，看着茫茫世界，体会万千规律。比起看一些单纯引人发笑的视频，我更愿意品味思想的乐趣，更愿意用我的逻辑去推演自己的过去和未来。

“白马非马”和人与自然

相信很多人听说过“白马非马”这个理论，或者说这个谬论，它说的就是一种诡辩理论。白马本来是马的一个子集，可是就因为有了“白”这个属性，公孙龙就说白马不是马。这话听起来好像有那么一点点道理，实际上只是偷换了概念，是一种逻辑谬误。

说一个可能会让许多人不舒服的事情，根据主流媒体和国际关系的变化，我们中国的民众总是会出现一些情绪，来配合这种变化。比如说一些人认为买日本车就是不爱国，于是走上街头去砸日本车。出于不可告人的目的的煽动者我们不做评价，只是说一下这件事情里面的逻辑。美国做了伤害我们的事情，我们就不能学英语，学英语就是卖国？日本跟我们有深仇大恨，所以我们买日本车就是卖国？这本身也是一种诡辩理论，而煽动者利用的是大家的爱国情结，这是很多思想家和学者最不能接受的。当你使用诡辩逻辑去利用别人的善意达到自己不可告人的目的时，例如让社会动荡不安，诡辩最可怕的功能——煽动性，就显现出来了。

那么诡辩是什么？实际上苏格拉底很早就告诉了我们，诡辩是一种站在不同论据上得出的不同结论，随时可以变化，没有固定的逻辑答案。

学生问苏格拉底："什么是诡辩？"苏格拉底反问学生："一个干净的人和一个邋邋遢遢的人一起到一个人家里，主人烧了水让他们洗澡，你觉得谁会去洗澡？"学生毫不犹豫地说当然是邋遢的那个人。苏格拉底说："错，干净的人会去洗澡，因为那个人爱干净，所以才干净。那个邋遢的人本来就不爱洗澡，所以才邋遢。"学生想了想觉得老师说得对啊。可是苏格拉底接着说："还是错，邋遢的人会去洗澡，因为他需要洗澡。"这下子学生蒙了，那究竟谁该洗澡？谁洗了澡？苏格拉底说："他俩都洗了，爱干净的人因为爱洗澡就洗澡了，邋遢的人因为该洗澡所以洗了。"学生恍然大悟地说："原来是这样，都洗澡了啊。"苏格拉底接着说："你还是错的，他俩都没洗澡，干净的人不需要洗澡，邋遢的人不愿意洗澡。"学生不耐烦地说："老师，我问你什么是诡辩，你为啥一直跟我说洗澡这个问题？这跟诡辩有什么关系？"这时候苏格拉底才说："我已经告诉你什么是诡辩了啊。"

看出来了吗？所谓诡辩就是选择性地使用论据。你可以为了证明自己的观点或结论，随便挑选有利于你的论据来进行论证，这种过程就是诡辩。那么在刚才苏格拉底举的例子中，不管是干净的人还是邋遢的人，论点都是两个：洗澡和不洗澡。论据呢？也是两个：喜欢洗澡和不需要洗澡。而在苏格拉底论证不同的论点时，选择了不同的论据，让他的论点不管怎么说都有道理，但是又都可以用其他论据驳斥。这就是诡辩。

我们日常生活中遇到的诡辩理论一般有两种模式，一种是“偷换概念”，一种是“以偏概全”。偷换概念大多是一些类似白马非马的例子，而以偏概全就更多了，比如说那些认为买日本车者都是汉奸、卖国贼，就是以偏概全。比如有些人喜欢以貌取人，也是一种以偏概全。实际上，我们在思考之后就能将许多诡辩理论分辨出来，但是由于诡辩理论特殊的煽动性，在我们的大脑不思考的时候就会被蒙蔽，因而有些人也会做出一些不合逻辑甚至让自己后悔的事情。

2015年的时候，我去南极科考，当时为了满足我们这些陆地科学家对海洋生物的好奇心，海洋生物学组“大发慈悲”，带着我们一起出海做了一次实地考察——观测虎鲸的集体捕食行为。科考船开出去没多久，就在附近看到了几只小海豹，承载着这几只小海豹的冰块显然是一块孤独的冰架，并没有连接着后面大片的冰面。经验丰富的虎鲸研究员告诉我们，这些都是虎鲸会攻击的目标，于是我们将科考船开到远处隐蔽的地方，果然，不一会儿就有五头虎鲸靠近了这块浮冰，小海豹们顿时惊慌起来，但是它们除了紧紧地趴在冰面上什么都做不了。虎鲸将整个冰面团团围住，然后开始制造波浪，让冰面倾斜，使小海豹掉进海里，小海豹掉下去后，奋力爬回冰面，再掉下去，再爬回，直到体力耗尽，被虎鲸拖走吃掉。

我们整组人都在远处静静地看着一切发生，虎鲸研究员告诉我们，人类特别有意思，总觉得自己是其他物种的救世主，有时候会试图按照自己的想法帮助所谓“弱小可爱”的其他动物，但是实际上我们做的事情都是反大自然的。每一件事情都有自己的规律，我们能做的就是观察、学习和记录。她说她曾经在森林里看到过人类帮助野兔赶走狐狸，他们以为自己帮助了可怜的兔子，可是就因为这样，狐狸没有食物养育自己的一窝小狐狸，所以那个冬天，四只小狐狸一只都没有活下来。站在逻辑的角度上，你根本没有办法去判断谁是需要帮助的。捕食者和被捕食者都是大自然中的一环，本身并不存在什么强弱善恶之分，人们之所以会有那些想法，不过是在用自己作为人类的某些诡辩逻辑指导自己做出自以为正确的行为而已。

诡辩理论，在日常生活中可以帮我们论证自己的观点，也会影响我们的行为，这是逻辑学里必修的一课。然而我们要做的并不是完全避免诡辩理论，而是利用这个理论让我们更好地思考。想要利用诡辩理论更好地思考，那么必然要了解什么是诡辩理论，甚至可以使用诡辩理论，这样你才能去应对那些想要用诡辩理论对付你的人。在思考的过程中，没有谁会占上风，也没有什么绝对的制高点，有的都是理解和学习。深度思考的过程中，我们要学习诡辩逻辑，而且要全面了解诡辩的逻辑，因为当你把选择性的诡辩逻辑补充完全，那么这个逻辑就是逻辑本身了。

第六章

我相信的究竟是什么！

有理、有利、有节，是我们中国人在表达逻辑和支持观点时很看重的六个字。在日常生活中，虽然我们想要的证据不可能随时出现，但是逻辑本身，会留下证据和思考过的痕迹。

因为我的直觉

以前听到过许多人遇见事情的时候选择相信自己的直觉，甚至有这么一句话：“男人之所以讨厌女人总是靠直觉，是因为女人的直觉太准了。”那么直觉到底是什么？你有没有想过自己的灵光乍现或者鬼使神差，在大脑层面究竟属于一种怎样的思考类型呢？或者说，我们的直觉究竟从哪里来？又要指导我们做些什么事情呢？

在思维的类型里，有一种叫直觉思维，通常指人们对一个问题没有经过逐步分析，仅仅依靠个人内在的感知而迅速对结论做出判断、猜想，也可以是我们刚才提到的在思考的过程中灵光乍现、突发灵感，或者顿悟某些道理和结论，包括有些人对未来的那些预感、预言都可以归到直觉思维中去。直觉思维实际上也是一种心理现象，它的产生可以直接影响你接下来的思考，也会渗透到你生活中的方方面面，从日常活动到身体健康，再到延缓衰老。有一种说法是直觉思维的发生概率和你的年龄是成反比的，也就是说你的大脑和思维越年轻，直觉思维发生的概率也就越高。

从心理学上讲，直觉思维具有灵活性、自由性、自发性、偶然性以及不可靠性，同时直觉思维又具有简约性、创造性和自信力。直觉和创造活动有着非常直接的联系，这种思维也是完全可以训练的。由于直觉反应的时间非常短，从一定程度上可以帮助人们对面前的事情做出快速的选择和反应，也可以帮助人们更有创造性。比如说小朋友们的想象力非常丰富，就算是不懂得颜色和光线的应用，也可以勾画出非常有趣的图像。如果说逻辑思维是滴水不漏的一个闭环，那么直觉就是一幅天马行空的画作，没有边框，也许疯狂，但是美好。

以前上课的时候，我特别喜欢用一个例子——虽然爱迪生先生在科学界的名声确实不怎么样，但是不能否认他在给后世提供小故事方面真的是做出了不可磨灭的贡献。有一个学生刚到研究所工作，爱迪生便想考一下学生的思考能力，有一次他急着出门，就给了学生一个灯泡，让学生计算一下灯泡的容积。一个小时之后，爱迪生回来，发现这个学生写了一桌子测量的公式，各种测量工具也都摊在桌子上。于是爱迪生走过去说：“你把灯泡灌满水，然后倒入量筒不就知道灯泡的容积了吗？”这个可怜的学生就是数学家阿普顿，他的计算和逻辑思维能力都是毋庸置疑的，但是他缺少的恰恰是最简单的直觉思维能力。因为习惯了逻辑和计算，所以他根本没有想到这件事情可以有这么一个简单直接的解决方法。从居里夫人发现镭到杨振宁教授发现宇称不守恒，都运用了建立在强大的逻辑思维之上的直觉思维。我曾经跟学生说过，一个没有想象力的人，做的科研是绝对不可能有品位的。这句话当时被学生们当成一句笑话，然而这句话的深层含义是：一个不懂得直觉思维的人，一定是一个无趣的人，他的逻辑思维到最后总会少了那么锦上添花的一笔。

从逻辑角度讲，直觉思维实际上是基于我们的实践经验积累产生的一种新的思维空间，就像我们所津津乐道的那些小故事，如果没有大量的实践积累，没有大量的知识储备，那么那些所谓“灵感”也就无从谈起。都说莫扎特、贝多芬是音乐天才，但是你也一样要看到他们和所有学习音乐的孩子一样，也是经过刻苦的学习和练习，才掌握了音符的秘密，才能写出那么多被后世奉为宝藏的音乐作品。最简单的例子，一个连笔都不会拿的人，是不可能靠着直觉去写出不可挑剔的书法作品的。我们需要训练直觉思维，因为直觉思维可以帮我们提高自己的创造力，帮我们在已经生活了很久的环境中酝酿新的感悟、新的进步，甚至可以带我们改变现在的环境，获得突破。我们说的直觉思维是要尽可能缩短思考时间的，也就是说要快速，这就要求直觉思维必须是简单的。如果我们无法找到最完美的答案，那就找一个让自己最满意的答案，这就是直觉。

咱们来总结一下，什么时候可以使用我们的直觉呢？

首先，该相信自己的时候要相信自己。尤其是当你面对一个困难或者挑战，身处一个陌生的新环境，你的经验和深思熟虑都告诉你可能会失败的时候，这时如果你的直觉冲动告诉你：“你行，你可以！”那么，我建议你最好听自己直觉的话，毕竟人的逻辑思维有时候过于自我保护，用直觉推自己一把会有不一样的收获。另外，在该相信自己的选择时要相信自己，大多数的评价是主观的，就好比自己喜欢的衣服就不要去问别人好不好看，直觉可以让你自信、让你快乐。在生活中的大多数主观事件中，直觉是足够用来选择和判断的。

其次，当你缺少多个理由的时候，相信你的直觉。我们在犹豫不决的时候往往希望能找到做或者不做这件事情的理由，一般这种时候我们的直觉会给一个最直观的选择，简单又快速。世界这么复杂，有些事情一个理由足矣。就像是喜欢就去争取，失败了就从头再来一样，单一理由抉择也是直觉判断的一个重要功能。

话说回来，都说了世界这么复杂，我们无法告诉大家到底什么时候该去相信直觉，什么时候应该去逻辑分析，但是思考是肯定没错的，直觉是迅速地思考，而不是不思考，只是直觉简化了思考过程直接得出了结论而已。人类能够拥有直觉真的是一件非常美好的事情。

到底什么才是“实锤”

从2000年开始，网络用语就变成了许多人追捧和使用的词汇。从去年不知什么时候开始，每次我上网都会听到一个词——“实锤”。用来表示板上钉钉的事实和让人能够相信的实际证据。这种例子我想不需要我举出来了，大家都能想到许多，什么某明星出轨“实锤”、某明星结婚“实锤”、某明星怀孕“实锤”。这个经常出现在标题里的词语就是为了让大家相信接下来的消息是真实可信的，是有证据的论点。

我们中国人相信板上钉钉的事实，这大概就是“锤”字在我们语言中表达的意思，夯实不可辩驳，不可更改，砸下去就是实实在在的，我们相信那些有证据、有事实根据的事情。从古至今，人们都要用事实去论证自己的观点，“实践是检验真理的唯一标准”。“实锤”砸下去，就彰显出了你说话的态度，也表示了你要对说过的话负责，这样你的听众和读者才会选择相信你。

我们相信的东西会在我们的大脑中留下痕迹，积累成经验，作为下一次判断的必要信息，因此我们必须保持逻辑思维和批判性思考的能力。不论我们看到怎样的“实锤”、怎样的证据，都要做到客观地进行逻辑评估。大众传媒现在的途径过于丰富，信息繁杂，有些误导性信息也时常出现，对所有的“实锤”，我们必须通过思考再去决定自己信还是不信。这里就要说一个概念——先入为主。大家都明白它的意思，这就是经验主义，根据之前的证据草率地决定相信或者不相信。我们的大脑对接收到的信号实际上也不是直接记录的，它会自动地与感官经验进行组织和解释，因此随着时间的推移，我们的记忆对某些事件的记录甚至会发生改变，这时候就会使得你对某些事情的看法彻底改变，所以我们在大脑贮存记忆之前，务必做到深度思考，确保你相信的所有证据在大脑中形成经验之前至少都是合乎逻辑的。

有一个有些悲凉的例子，有一位明星常年资助贫困地区的学生，后来这位明星不幸患上了胃癌，没有办法演出挣钱的他就没有能力继续资助这些贫困学生。有一天一个贫困生的母亲打电话来“问候”他：“你什么时候打钱过来？我们孩子还上不上学了？”这位明星解释道：“不好意思，我得了胃癌，没办法演出，所以也挣不到钱。”那家长居然说：“那你什么时候能治好再出来挣钱？”在这件事情中，我们暂且不去理会人类贪得无厌的本性，只说这位家长为什么能如此理直气壮地来要钱，这钱本来也不是她的，可是因为长期受到资助，让她在脑海中形成了每个月或者每年都会有一笔“属于她”的钱到账的印象，突然这笔钱不来了，她很愤怒，认为有人动了“她的钱”，而完全忘记了这笔钱本来就不属于她。这就是大脑在进行信息处理的时候出现了错位和扭曲，她不再去思考，只是一味地接受别人的善良和好心，于是导致了上述那种对话的出现。我们局外人看着当然认为这位贫困生的母亲做得非常不对，可是如果你采访她本人，很大概率上她会认为自己完全没有做错，凭什么不给她那笔她“应得”的钱呢？

这个例子也许和我们要说的实锤没有太直接的联系，却能非常直观地解释人的大脑和思维方式是多么容易受到自己相信的那些“实锤”的影响，它们甚至可以改变你的思维途径和结论。我们相信的所谓真实确凿的证据到底有多少可信度？这个需要我们自己去思考、判断。那么到底什么才是“实锤”呢？说到底不过就是证据，是我们用来相信某些论点的论证。普通的证据自然不用说，可怕的证据就是那些我们一厢情愿相信的论证，因为我们所相信的是一定会反映在我们的观点上、反映在我们的行为上的。

说到事实证据这东西，我很想跟大家分享一些关于纯粹数学的东西——数论。我们应该都对哥德巴赫猜想和费马大定理有所耳闻，在非数学专业的人心里，这两个东西大概是那种“不明觉厉”的概念，实际上也许很多人不知道这两个定理至今为止没有被证实。哥德巴赫猜想即任何一个大于2的偶数都可以是两个质数的和，这条猜想符合我们已知的所有数据情况，但是至今没有被数学家从理论上证实，距离最近的证明是每一个偶数都可以是不多于四个质数的和。费马大定理就更加神了，他说他证明出来了，但是因为草稿纸不够写了，所以没写完。于是几个世纪的数学家前仆后继地努力，依旧没能证明费马最后的定理：当整数$n>2$时，关于x、y、z的方程$x^n+y^n=z^n$没有正整数解。除此之外，还有很多诸如此类的我们实践中已经觉得没有问题的“实锤”，实际上都没有被“锤”到板上钉钉的地步。

思考的过程，同时也可以是论证的过程，思考的过程决定了我们会相信什么、做什么，如何看待这个世界发生的所有事情。思考的深度决定了我们对这个世界发生的事件和规律能够理解到哪一步，我们的生活中实际上从来不缺少所谓“实锤”，但是也没有我们想象中那么多的“实锤”。试想，如果所有的事情都有绝对值，那这个世界是不是挺没意思的？思维之所以玄妙就是因为它的多样性和因人而异，我们可以相信“实锤”，但是不要依赖“实锤”，比起证据，我更愿意相信自己的思考。

证据从哪里来

在之前的小节中，我们讨论了证据对我们的影响，也了解了所谓证据是如何影响我们的思维判断和行为准则的。那么现在我们讨论一下，所谓证据究竟是哪里来的？我们常说的“眼见为实”和“实践标准”究竟是怎样一个标准？每个人信奉的证据是如何产生的？是大自然的规律还是人为定论？

我们来说一下记忆吧，之前我们简单地提到过一点关于记忆的概念，为了说明白证据是从哪里来的，我们必须先了解一下影响我们记忆的因素。我们的信念和记忆有着很直接的关系，一个人身处的社会位置、承担的压力和期望都可以影响我们的记忆，一个人能否掌握良好的批判性思维技巧，能否全面准确地评估证据，也很大程度地受到我们自己记忆的影响。记忆，是我们大脑对感官世界接收到的信号产生的一种选择性存储，我们存起来的可以是画面、声音、文字，甚至是气味，可以说感官接收到的所有信号都可以被大脑储存，而储存之后这些信息就变成了我们的记忆。当某些环境诱导因素出现，我们的记忆就会被唤醒，进而给我们的大脑发出信号，大脑就会根据记忆中的信息去指导我们当下的想法和行为。

我们在各种书和影视作品中看到的催眠和诱导审讯，都是对人类大脑记忆的诱导调取，然后用来作为某种程度的证据使用。“人证”的本质其实是一种记忆追溯，比如人们对簿公堂的时候，不管是当事人、被告人还是证人，所用来阐述证据的方法很多是以“当时”开头的，现代社会更高级一点儿的信息记录方式比如摄像头、行车记录仪等，这是另一种方式的“记忆”，只不过这种记忆是机器记忆，而我们想把这些记录当作证据的时候，只需要按照时间点调取这些存储好的录像就可以了。那么如果是人的话，这个“录像”就又涉及另一个问题——语言表述和谎言。

语言表达是呈现证据的一个重要过程，也是最终环节，我们的法庭有陪审团和法官，这就是一个听取证据的过程，也就是说这些人要从证人的表述证据和提供的客观实际证据中发现真相，做出公正客观的判断。然而除去那些可见的事实性证据，最有经验的证词专家也不能保证自己是万无一失的，这也就是西方法庭的陪审团通常人数众多的原因，就是为了最大限度地减小语言表达方式和谎言对证据判断的影响。排除刻意说谎和误导的情况，单就语言表述已经可以对证据的呈现产生直接影响了。举个例子，我们大部分人相信科学认证，牛奶有利于孩子的骨骼发育，使他们长高，那么多喝牛奶一定可以让成年人的骨骼维持强健。

不管这种论证有没有得到科学证实，人们始终是这么认为的。后来医学界给出的观点是：牛奶实际上会加速成年人的骨质流失。那么这个科学证据的出现就跟人们传统意义上的认知有了差别，有些人会开始误解这些理论，比如我们经常看到的“朋友圈科学”，今天说菠菜和鸡蛋不能一起吃，明天说不能空腹吃早点等，这些人看到了一点点科学论证就会加入自己的理解，然后表达成新的“证据”。在这个信息爆炸的时代，证据的传播非常快，越是“证据”多的时代，我们越是需要注意这个证据究竟是从哪里来的。那么我们回到之前那个牛奶的例子，你要搞清楚加速成年人的骨质流失是在一种什么样的情况下产生的，科学实验不是绝对的。另外，成年人的年龄段和人们的饮食情况、身体状况都要综合考虑，只有把这条理论的出处找到，才能看到这条证据产生的过程，进而判断应该如何相信它，或者该不该相信它。

语言表达是证据呈现的最终环节，将所有证据用客观的逻辑思维串联在一起，然后表达出来，就是让别人相信的过程。虽然我们经常会需要一些实际的客观证据，比如指纹、录像，等等，但是比起这些，我们对一个人的语言描述证据的相信度是要高出许多的。比如我们在谈判中遇到矛盾，最先想到的可能不是去看当初拟定的合同是什么样的，而是会说“你当初说”。我们会优先调取自己的记忆，然后表达自己对证据的描述，最终才会去看事实证据。而对一个优秀的律师来说，他的语言组织能力和客观证据一样是能左右法庭判断的。语言是人类大脑接触的非常直观的信号，也是大脑优先存储的信号，锻炼自己的口才和语言表达能力，也是一种判断别人语言证据真实性的练习方法。

实际上，证据的出现是具有客观时间点的，但是证据的使用和论证则是具有时间动态性的。我们之前提过的，随着时间的变化，人的记忆是有可能发生变化的。那么证据也是一样，我们刚才说证据来源于记录下来的记忆，那么这些来源是否能随着时间而变化呢？答案是肯定的，因为社会是动态的，人也是处于变化中的。一个人在引用证据的时候，通常只会从对自己有利的时间点开始引用，会自动忽略其他时间点，那么这个时候，我们所听到的、看到的证据就变得有时效性了。比如，有些犯罪分子会用某些手段保存尸体，让法医错误地估计受害者死亡的时间，而这段时间罪犯又刚好有不在场的证据，这就是一种对证据的时间操控。当然这个例子举得比较简单，我们现在的司法鉴定手段已经非常先进，证据的有效性也越来越强。实际上，一个可以有绝对时间的证据一定比一个可以随着时间改变的证据更有可信度，比如我们相信的那些定理、规则。我们为什么会觉得有些东西比较玄奥，比较让人摸不着头脑？因为有些人提出的理论和证据会根据情况不同、时间不同、对象不同而发生改变。我们现在说一种叫“双标”的人就是这样，他们总能给大家证据证明自己的论点，然而当对象是自己或者自己亲近的人时，他们的证据也随时可以发生翻转，来支持自己反向的观点，那这个时候我们就认为他们所谓的证据来源加入了太多自己的主观选择，而不能称之为可信的证据了。

我们生活中的证据可以来自很多地方，可我们必须知道，选择相信的永远是我们自己，所以对证据的判断和甄别就非常重要。你要知道，当你选择相信什么，你的大脑就会把这个证据存起来变成记忆，久而久之证据就会变成那种叫作信仰的东西。

证据和社交口才

TED（Technology，Entertainment，Design的缩写，即技术、娱乐、设计）大会的名头大家应该都不陌生，它邀请世界上的思想领袖与实干家来分享他们最热衷从事的事业，并将视频上传至网络。只要你想，就能在TED演讲中学到知识。我作为TED的老观众，除了学到我很感兴趣的专业知识之外，还学到了更多关于逻辑和演讲沟通技巧方面的知识和经验。我们常说“外行看热闹，内行看门道”，我跟我的许多学生推荐过TED的演讲，但是很大一部分学生在观看的时候，只注意人家讲的搞笑的部分，或者在挑选自己想看的课程的时候一味地去猎奇。实际上我想要推荐的是TED里面所有演讲人的沟通能力、解释能力以及对证据的应用，这些技巧对大家非常有用。在社交场合中，除了我们本身的专业技能，情商和口才其实是比智商更为高级的能力，只是很多人没有意识到这个问题罢了。

我们在工作和学习中，有一半时间是在和别人沟通交流，进行信息的交换和证据的论证使用，我们经常会去想如何说服别人，如何让别人相信、认同自己的观点。在这个过程中，口才占了很大一部分比例。我们公司有一个小姑娘，专业知识过硬，英语专业八级，从事笔译、口译多年，是一个在实力上被所有人认可的员工，然而她每次代表公司去谈项目，基本上十次有八次是谈不成的；而另一个新来没几个月的女孩子，专业知识跟她有很大差距，可是这个女孩子在和客户交流的时候，每次都能受到客户的喜爱，她的成单率也在入职第三个月的时候就成了全公司第一。我研究了这两个孩子的情况，发现专业过硬的那个女生在和客户谈事情的时候，更倾向于告诉客户我们的实力和专业，我们能做什么，我们做得有多好，沟通的内容非常专业，有理有据；而另外一个女孩子在跟客户沟通的时候，更多是问客户需要什么样的服务，从客户的需求出发去迎合客户，即便遇到了某些自己不了解的专业问题，她也能够用一些非常巧妙的方法化解掉。说实话，面对销售人员的客户，本身并没有对他们的专业知识抱有很大期待，也就是说客户在专业证据上的要求并不高，有的客户自己都没有那么多的专业知识，他们想要的更多的是个性化的服务，就是对体验证据的要求，这个时候销售人员若是满舌生花，能够更好地和客户沟通，就能在业绩上有更突出的表现。

在逻辑学中，最简单的训练和要求就是用最简单的语言去解释一个相对复杂的理论。在解释的过程中，证据就是我们用来让别人信服的重要工具。我在上课的时候经常告诉学生，在论证的过程中必须做到：给细节、讲例子、做对比。将这三个方式同证据巧妙结合，是我们在说话的过程中需要掌握并融入到沟通中的技巧。

经常看TED或者是其他课堂演讲的大家会注意到，每当演讲人给出一个定义的时候，一定会借着一个例子用来辅助解释这个定义，而这个例子又会通过细节和对比这两种方式进行表达。要有好的口才和逻辑实际上并不难，只要在这三件事情上做好就已经足够了。我们来说个简单的例子，比如说我要给外国朋友介绍我们中国的长城，请对比下面这几句话：

一、我们中国的长城历史悠久。

二、我们中国的长城有两千多年的历史。

三、我们中国的长城经历了12个朝代，具有两千多年的历史，曾有几十万人参与修筑。

四、我们中国的长城由几十万人努力修建而成，至今已经有两千多年的历史，是世界八大奇迹之一，是从月球上唯一能看到的人类文明建筑。

那么上面几句话，哪一句让你觉得更为清楚、更为震撼？从逻辑角度来说，上面四句话都没有毛病，说的也都是实话，但是你这四句话给听众的感受和信服度是完全不同的，这就是利用同样的证据，不同的表述给别人带来的不同的逻辑体验。

那么在我们的生活中，如何锻炼自己的口才呢？首先我们要求大家在说话之前一定要三思。所谓三思不是说让你想三遍，我们中国文言文中——“三六九，言其多也”，三思指的是多想，而不是想三次，除了次数之外，我们要强调的还是深度。在你说话之前，在你要跟别人沟通之前，一定要把自己想表述的问题的逻辑理顺。你要用什么证据去论证？你的结论又是什么？你沟通的目的是什么？想达到一个什么样的效果？这些都要在你说话之前就想清楚。这个过程听起来非常简单，实际上做起来是有一定难度的，尤其是对那些平时不习惯深度思考的朋友，那么这时候开口之前让自己默默数上二十个数字，用这个时间去思考就会是一个好的练习方法。当然了，这要挑好时机，最好是在自己不太忙的时候。这个社会是有时效性的，在某些场合就不要磨磨蹭蹭的了。为了避免这个情况，在平时多进行练习让脑子比嘴先动就很重要了。

然后在论述的过程中，目的要明确——为了让对方听懂自己的意思，要简单，不要烦琐。最清晰的逻辑应该是最简单、最直接的，思想可以复杂，但是语言一定要简练，要用最少的语言去解释最清晰的逻辑。练习这个技能可以从解释定义开始，给大家一个很好的方法——向自己的父母解释自己的工作、专业。一方面，如果一个外行人可以听懂你的专业，才说明你讲得非常清楚；另一方面，这样的做法可以让你和家人的关系更加融洽。正常人的情感逻辑——对最亲近的人是最没有耐心的，所以这个练习可以说是一举多得。

口才不是一天两天练就的，有些人可能会说口才这种事情看天分。我承认，这个世界上许多事情是有天分差别的，但实际上这个世界上所有的技能都是可以通过学习和大量的训练达到一定水准的。你得先努力到一定程度，才能到达可以拼天分的地步，而对我们这些平凡的人来说，通过努力练就的技巧在日常的生活、学习和工作中已经绝对够用了。所以，不要给自己找什么借口了，好好动脑子，让自己成为一个讨人喜欢、会说话的人吧。

伪证的逻辑

在之前回家的路上，我曾看到一场纠纷，一眼扫过后我的理解大概是：两辆电动车相撞之后发生了冲突，一方是一名中年男子，一方是一对母子，双方扭打在一起，周围的人一时间并没有上去制止，原因很简单：大家不知道来龙去脉。所幸后来有一位男士挺身而出，终止了他们互相伤害大打出手的场面。我等了一个红灯的时间大概是五十秒，看到的只是双方扭打在一起，两辆电动车倒在地上，那么对我来说，这场纠纷其实什么都没有看到，因此我什么结论都无法得出。

可是有些人就会根据自己看到的情况得出这样的结论：有一个中年男子欺负人家这对母子，还打女人，真的是太不要脸了；有的也会得出不同的结论：那个儿子那么大的个子，一定是他年少无知先动的手，女的也跟着动手，中年男子是为了自卫才反击的。那么我说了，我并没有目睹事件的全过程，所以我根本不知道哪种结论是对的，从逻辑学的角度来说——这两种结论都可以是伪证。伪证是什么？就是假的证据。那些故意说的谎话自然是假的，但是我们生活中要多加注意的伪证恰恰是自以为是的“真话”，也就是说有时候人以为自己说的就是事实，其实并不是全部的真相。我把这种伪证叫客观性伪证。

我所谓的客观性伪证首先是主观的，就是我们之前说的根据自己接收到的外界信号产生自己的论证过程从而得出结论，并且相信自己的证据的真实性，然后通过自己的语言方式表达出来，影响他人对同一事件的判断过程。很多人会把伪证和说谎弄混，实际上说谎是一种主观行为，是有动机、有目的的误导性行为，当然是一种绝对的伪证。然而，我们所说的客观性伪证是建立在客观的基础上的，比方说我开头举的例子，那件事情发生是事实，不管得出什么结论，目击者看到的都是事实，都是客观的，从某种角度来讲，这种伪证产生的原因并不是看到了什么，而是想到了什么。

波普尔称自己的理论是批判理性主义或者伪证主义。他是一个非常激进的反归纳主义者，他的经验伪证原则就是建立在对归纳法的批判基础上的。波普尔把科学哲学称为科学发现的逻辑，也就是分析经验科学的方法。他指出经验科学的特征在于方法，这种方法并不是所谓的归纳法。波普尔认为归纳法是根本不存在的，从陈述中去归纳普遍陈述也是不可能的。实际上我的观点和波普尔在某种程度上是类似的，但这又是矛盾的，如果说我们不能从单一陈述归纳出普遍陈述，我们无法从单一现象的集合中提取出普遍现象，也就意味着我们永远无法看到这个世界的真相，永远无法归纳总结出一个合理地描述我们世界的规律。

然而科学界用了一种统计学的方式来解决这个单一现象描述的问题——样本量分布。当你的样本量足够大的时候，它们就应该属于完美的正态分布，样本越是符合正态分布，我们所收集的单一陈述或者现象的样本就越接近事实情况，从这些样本观察中得出的结论也就越接近真实的证据和论点。

波普尔为了批判归纳主义举过三个例子：

一、过去太阳每24个小时内升落一次，而这个理论被马赛人发现“半夜的太阳”推翻。

二、“每一代生物都会死去”，被能不断分裂的癌细胞否定。

三、“面包可以给人营养”，由于发生面包中毒事件而被否定。

因此，波普尔认为这些归纳都只能告诉人们过去，而不能指示人们的未来。但是他认为归纳原理是没有根据的，这点我并不完全认同。人类本身的思考就带有一定的经验主义，这是我们大脑思考的方式，是无法进行客观批判的。我们所谓的归纳法本来就是有使用条件的，我们的世界其实是一个概率论，在大概率的范围内归纳法都是可以使用并且指导我们的未来的。不存在绝对的归纳原理，但是相对的归纳原理也不能够被完全否定。

那么假如说我们接受波普尔理论中正确的部分，也就是我们不能一味相信我们看到的证据，看到的单一现象和陈述，那么我们应该如何科学地得出我们需要的结论呢？波普尔给了我们两个训责——假说和演绎法。这两个内容我们在之前的章节已经跟大家介绍过了，那么这里我们就来具体说一说，想要避免客观性伪证，我们可以做什么？

第一，理论要先于观察，也就是目的性观察。我们都期望得到结论，但是我们不能够让观察优先于我们的理论，或者说我们的假设。我走进书房，目的就是看书或者写字，然后我再去观察书房里有什么资源是我可以使用的，我想要看什么书、写什么字，都是在我明确我进入书房的目的的前提下进行观察，这样就可以有效避免看到干扰信息。另外在观察中一定要加入思考，因为在观察的过程中，理解是必须的，没有加入思考过程的观察就是熟视无睹。心理学上认为，人们总是按照一定的预想去观察一切事物。哲学家康德也有过“理性给自然界立法”的观点，这种观点也认为普遍性和规律性是来自人类思维，而并不是自然界自己具有的，所以理性的、批判性的态度是我们避免伪证的一个基本态度。

第二，所有的科学都始于问题。我们在上学的时候经常被教授问道：你的问题是什么？你的研究想要回答什么问题？这两个问题是非常基本的科学思维，我们有了问题才可以去论证，才可以去寻找合适的证据证明或者推翻我们的理论。

第三，灵感的重要性。灵感一直是我们人类用来描述一种玄而又玄的思维方式的词语。那么灵感是怎么来的呢？波普尔认为大部分理论来自科学家和哲学家的灵感，或者说得更具体一些，来自他们的猜想。不得不承认，我们到现在还在利用那些伟大天才的各种猜想。我始终坚持灵感来源于大量对现实的观察积累，是一个量变引起质变的过程。在这里，我们要说的是，不要抗拒自己的灵感，就和我们之前谈到的直觉是一个意思。

第四，从错误中学习，“大胆假设，小心求证”。在思考的过程中，最有经验的演绎学大师也不可能保证自己做的结论和论证过程完全没有问题。那么在这个过程中，接受、承认自己的错误，然后从错误中学习，去检查自己推理论证的过程，检查自己有没有出现客观性伪证的现象，检查自己是如何被误导的，这也叫归纳，也叫学习。

伪证并不可怕，也并不全是谎言，伪证只是我们思维的一种方式，它无比正常地存在于我们的思想的各个角落里。而我们要做的，就是从伪证思维中学习，掌握避免它的方法。要记住，世界是概率的，只要我们的方向是正确的，那么想要实现我们的目标，就只是时间的问题。

第七章
管理中的思维

中国有句老话——“兵熊熊一个，将熊熊一窝”。听起来很难听，但实际上说了一个非常简单的道理，当你处于管理岗位的时候，你的思维会比作为一个普通员工时更加重要，因为你的每一个决策都将影响整个团队的方向。如果说普通思维可以帮助我们更好地生活，那么管理中的思维则可以决定许多人的生活。

决策的魅力

决策是什么？从字面意思理解，决策代表了决定和策略，是通过我们之前讲到的所有思维方式进行论证，然后对生活对象中的挑战和问题做出反应和决定，并且为解决问题提出一系列的方法论，这就是所谓的决策。实际上在商学院，决策是重要的一门课，甚至在有些知名的商学院，决策更是作为研究生院的一个院系独立存在，由此可见这门技巧的重要性。而我第一次在商学院听到这门课的时候，我在想的是，是不是只有商学院才有这门课？为什么理科或者科学学院不开设这门课程呢？

商学院的决策课程通常是跟着管理营销的课程搭配来上的，目的就是让学生在学习管理方法的同时，也对整个策略思维过程有一个系统的理解和训练。那么我们先来聊一聊管理学上的决策吧。美国学者亨利·艾伯斯认为所谓决策应该分为狭义和广义，狭义的决策就是在几组方案中进行选择的过程，而从广义上讲，决策除了方案选择之外还包括了选择之前的一切活动，从思考过程到最后的行动决定。而大多数管理学学者认为，决策就是从两个以上的备选方案中选择一个的过程。而我们可以加上比较完整的过程，就是前期思考和最终目的。要了解管理学决策就要明白决策的目的究竟是什么。

我们在上一节中说到了思想要在观察之前，那么同样，在决策之前一定要明确的就是你选择的方案的目的是什么。决策的目的一定是解决生活、工作、学习中的某一个问题，我们说过，世界上没有万能的解决方法，因此所有决策的有效性必须具体情况具体分析。比方说，有些人对自己买到的衣服不满意，他既可以要求退款也可以要求退换，作为卖家完全没有必要一上来就强调理由，你需要知道的是客户的需求，然后根据客户的需求及时止损，做出对你和客户都合理的决策。

其次，不管任何时候，只要我们提到了决策，就意味着解决这个问题的方案至少有两个，挑选的过程就是思考的过程，是一个不是苹果就是桃子的过程，而不是两者可以兼得，这才叫决策。如我们刚才所说，我们要通过目的去衡量判断哪一个方案更有优势，然后做出选择，这种判断的思考过程就是决策的过程。最简单的例子就是两条路线，一条距离最短，一条红绿灯最少，如果你想要以最快的时间抵达目的地，究竟应该选择哪一条路线呢？这就是决策的过程。我们所谓的实际情况就是距离最短的那条路上会不会堵车、在时间段上有没有什么要求等，这都是我们决策时需要考虑的问题。

另外，决策所选择的方案不一定是所谓“最好”的方案，但一定是“最优”的，很绕口对不对？我们这么理解，“好”的定义有很多种，对管理来说，成本最低可以叫作好，宣传效果广泛也可以叫作好，客户转化率最高也可以叫作好，所以很难去界定好的方案。但是最优就不一定了，最优就是当下最符合我们的目的和要求的方案，这个就是决策一定要选择的内容。举个例子说明一下，一个健身房要做一个宣传，如果说它的目标客户群是那些比较富裕的人，那么宣传的侧重点一定是用户体验和各种高大上的礼品优惠；如果这个健身房只是需要营业额，不在乎客户缴费多少，那么宣传的重点就应该是便宜，宣传的方式应该足够广泛，送的礼品也不需要特别高级，只要是免费的就可以。这就是所谓的根据目的和实际情况选择最优的方案。

那么决策是一个什么过程？我们说了，决策本身就是一个思考的过程，这个过程是有一定规则的，同时也会受到我们自身价值观和经验的影响。我们之前养成的思考习惯会很大程度地影响我们的判断决策，想要做出最优选择决策，需要决策者不断地提高自己的逻辑思考能力和科学素质，并且要在大量的实践中发掘适合不同目的的不同的方案和策略。我们一直在强调深度思考的日常性，就是说没有任何一个优秀的决策者是走上决策位置的时候才开始进行思考的，一个好的决策者只有通过日常不断地思考训练，才能够在决策中形成一套自己的具有较高成功率的决策思考方法。

至于决策的类型，我们在这一小节不进行深入讨论。在管理学中我们说管理就是决策，这句话非常容易理解，因为毕竟一个决策、一个计划、一个决定足以影响整个团队的生死存亡。决策具有时效性，有一些决策我们可以细细分析讨论，再做出最合理的选择；然而有些决策会随着时间的变化发生改变，最明显的就是买方市场和卖方市场的改变。一件默默无闻的商品和一件在网络上爆红的商品的销售策略必然是不同的。

训练思维是为了应付各种各样的问题，在平静的时候，可以思考人生的方向；在大风大浪的时候，可以明确远处的目标。决策在管理中是不可缺少的一环，而能做决策的就是人这个个体，有时候是一群人，有时候甚至是一个人。那么，你做好决策自己人生的准备了吗？

从宏观到细节，决策的不同类型

生活中我们习惯把决策叫作决定或者选择，很多人认为冥冥之中有一个叫作命运的东西在主宰着我们的方方面面，然而实际上你自己想想就会发现，不管有没有命运，所有的选择都是我们自己做出的。今天一大早我就听见教学部主管的办公室传来一阵争吵声，过了一会儿新来的老师红着眼睛跑了出来。我问她发生了什么事情，她说前天主管给她安排了两节大课，可是她根本没有时间准备，所以昨天下午上课的时候有学生反应不太好，并且报告了课程部的老师，于是就有了早上主管训话的事情。老师很委屈，觉得是给自己的准备时间太短了，教学部主管故意欺负新人，当下委屈地决定不再教这门课了。

我问她："你觉得自己真的教不好吗？"

她说："不是啊，可是我觉得她不该这么说我。"

我说："那前天她通知你的时候，你有没有跟她说准备时间太短？"

她说：“我稍微提了一下。”

我说：“那你有没有跟她说，你暂时不想接这门课，因为准备太仓促？”

她说：“我、我没有，我觉得这样也许会给主管留下不好的印象，就接下来了。”

我说：“那你自己选择了接下这门可能准备时间很紧张的课程，然后没有准备好，被学生投诉了，那主管早上训斥你又有什么问题？难道不是一开始你自己选择的，后来没有准备好吗？”

她大概明白了我的意思，自己委屈地坐了一会儿，然后做好了新的教学大纲和幻灯片，又跑进主管的办公室，后来一段时间她成了这门课的金牌老师。

这是我们日常生活中经常会遇到的事情，我们因为某些考虑做出了决定，但是后面我们并没有做好自己的工作，于是被责备、被教训，这时候就觉得自己特别委屈。在这种情绪下有一些年轻人会做出冲动的决定，他们以为自己一时爽快的决定是果断，其实只不过是一种没有充分思考的武断罢了。就像我们的这位老师，如果真的不再教这门课，那么她就不会继续努力进步，最后更不会成为这门课的金牌老师。武断和果断往往只有一墙之隔，日常生活如此，管理中更是如此。

在管理中，根据决策的作用范围，我们可以将决策分为战略策略、管理策略和业务策略。这三种是管理学中经常涉及的概念。战略策略属于宏观策略，也就是说必须有全局观，要针对整个团队长期发展的大方向做出决策。这种决策主要是为了适应环境的实时变化，要有长远的指导作用，当然由于实行时间的较长导致风险比较大，因此做出这种决策的一般是管理高层。

管理策略又叫战术决策，是具有局部性的具体决策，这种管理决策关系着战略决策的组织和利用。战略决策是指出一个大的方向，而管理决策就是在各个方向上进行管理和组织，也可以理解成我国各个省市地区要根据该地区的实际情况制定决策目标，共同实现战略决策。

那么最后的业务决策，聪明的大家应该已经理解了，业务决策更细化，所以被称为日常决策，是为了解决日常工作和业务活动的决策。这种业务决策的目标是短期的，可以根据考核做出调整，影响范围一般来说比较小，也更容易掌控。业务部门的同事为了达到KPI（Key Performance Indicator，关键绩效指标）所制订的策略就可以算是业务决策了。从上到下，从大到小，这就是三种决策的不同，然而只有这三种决策同时有效地运行起来，才能让我们达成更为长远的目标。

那么如果我们按照时间长短来分，很容易就可以将决策分成中长期和短期决策，这个就更容易理解了，就是我们说的长远目标和短期目标的问题。作为普通的管理者，我们必须有一个长远的目标，比如我们的公司想要成为地区性外语培训行业的主打品牌之一，那么我们的短期目标可能是每一个月、每一个季度都要有多少个高分学生，多少升学率、通过率等。在我们的生活中，你给自己订的小目标究竟是长远目标还是短期目标，这个需要你自己去想。中国有句老话——“有志者立长志，无志者常立志。”实际上这里面还有一个很深刻的思考，就是说那些经常更换目标的人，是不是一开始就没有一个明确的长期目标，所以他们无法控制自己前进的方向，只好通过时不时调整目标来达到目的，俗称“走一步算一步”？因此时常去审视自己的目标是否足够长远，细节是否足够全面可以帮助我们达成更长远的目的，这也是决策思考的一个重要功能。

我们经常听到的还有按照领导级别划分的决策类型，这个我们没必要在这里细说了。我想谈一谈根据不同性质或者决策的重复程度来分的决策问题。在管理学中，我们把决策分成程序化决策和非程序化决策。程序化决策又叫规范性决策或者重复性决策，是那些针对日常经常发生的常规问题的决策，也可以简单地理解为执行标准。比如，我们的公司考核规则、面对人事流动的办法等，这种程序化决策经过确定之后，不需要变更，而且可以最大限度地简化人们在规则上浪费的时间。而与之相对的是非程序化决策，此类决策通常是一次性的，是针对不经常发生的管理问题做出的决策，具有偶发性，不能够反复进行。因为这种决策通常缺乏大量可靠的数据分析，无章可循，所以很大程度上依赖决策者的知识、经验和逻辑思维能力，而这种决策通常还需要在短时间内做出，因此一个决策者除了应该具备强大的思维能力，同时也应该具备一定的经验和处理问题的能力。下一节我们会着重介绍果断和武断的区别，也就是在这种非程序化决策中最需要注意的思考方式。

决策的不同类型实际上在管理学中是一个非常简单的概念。

但是将这些知识应用到日常生活当中却并不容易，那些公司管理层的决策者肩负的任务就更重了。想要做好决策，首先要了解决策，然后要锻炼自己的决策思维，做出最合理的决策，同时也要学会自查和自省，适时调整自己的决策，以完成自己给自己定下的长远目标。

短时间决策方法，武断还是果断

我们说过，决策的困难有时候就在于决策的时效性，要在短时间内做出合理的决策，这是需要大量经验支持和本身的逻辑思维能力的。华为的高管孟晚舟女士在加拿大被限制人身自由，身为父亲的任正非不但要想办法保证自己女儿的人身安全，也要想办法稳住华为这艘大船。在这种突发事件中，他个人的态度显然变得非常重要，他的每一个决定都有可能影响中美经济局势。我们可以看到国内所有的媒体都前所未有地一致站在了华为这边。任正非不卑不亢地接受采访，处变不惊地做出各种回应，这都是决策。作为一个父亲，他当然也会“关心则乱”，但是多年的经验让他明白，这种时候乱是没有用的，任何冲动做出的武断决定都会导致更加恶劣的影响，因此不论我们看不到的时候他多么担心自己的女儿和家人，在舞台前方，他依旧是那个专业、朴实、为了中国梦而努力的中国商人。

决策的类型我们在上一个小节中已经讲过了，那么想要避免武断的决策，就要广纳百家，集思广益，这里就涉及到集体决策的方法。人都是社会性的动物，我们所谓影响重大的决策往往不是针对我们个人的，而是针对我们的团队的。也许你是一个平时非常不喜欢开会的人，但实际上如果会议中的信息量足够大，那么你就会明白这些会议的目的并不是让你浪费时间听谁在台上“指手画脚”，而是要集百家之长，对现在面临的挑战和困境，做出集体决策。开会是集体决策最为有效的方式。

从营销学上讲，集体决策包括了头脑风暴法、名义小组技术以及德尔菲技术。

头脑风暴法是英国心理学家奥斯本发明的，这种方法包括了四个执行原则：

一、每个人都要发表自己的建议，并且不要对别人的建议发表评论。

二、每个人的建议不需要经过深入思考，而是要多要快。

三、尽量独立思考，在提出建议的时候不要讨论，可以奇思妙想，天马行空。

四、在后续的讨论中可以对自己的建议进行必要补充。

这就是头脑风暴，我们经常听到这个词语，但是也许你并没有注意到这里面的“风暴”两个字原本就是针对“快”发展开来的，这种方法在集体中具有非常高效的特点，在解决针对性问题的同时，所有的专业人士坐在一起畅所欲言，讨论决策的气氛非常轻松，可以从多个角度发散地去寻找决策思路，更具创新性。这种集体决策的时间维持在一到两个小时就可以，但是参加人数不宜过多，控制在八人以下最佳，这样可以有效地避免时间浪费以及人员之间的主观矛盾。另外，头脑风暴的参与者最好是团队中比较有经验的人士，或者是在业务上有专业能力的人员，针对问题提出策略，以达到在短时间内得出最佳决策的方法。

第二种集体决策方法是名义小组技术。在集体决策中，有些时候每个人对所面对的问题的性质的了解程度差别非常大，彼此之间的意见存在较大分歧，这种情况下，直接开会的效果很差，很有可能会从开会变成吵架，或者是有一些“位高权重”的人出来主持大局，然后“一言堂”。那么这种集体会议对决策就没有很大的帮助。名义小组的意思就是，由某些对该问题有研究或者有处理经验的人作为小组成员，然后向他们提供等同的相关决策信息，让小组成员先不要讨论，每个人进行独立思考，并提出自己的决策建议，要尽可能详细地阐述自己的观点，最好能形成书面材料，接下来再召集会议，每一个成员挨个陈述自己的方案，然后由小组成员对决策策划案进行投票，公平地决定应该使用哪种决策。需要注意的是，这种决策的最终方案仍需要更高级别的管理者进行决定，小组产生的意见可以作为决策的重要参考，这种方法可以最大限度地避免个人观点造成的团体矛盾，也可以节约策划的时间。

第三种是德尔菲技术，来源于德兰公司。这种方法跟专家有很大关系，并且要求管理者同时接触所有专家人员，而不一定要坐下来开集体会议。比如说，对公司产品的新策略，如果每一位专家给出的建议一致，那么直接做决定就可以。如果专家们给出的建议不同，则需要管理者分别联系各位专家，单个进行讨论，然后再次提出意见，反复多次，最后形成大家都认为合理的决策计划。

三种集体决策方式，可以有效地避免在时间不够的情况下，管理者独自做出比较武断的决策。而这种决策方式也需要管理者最终进行判断，我们提供的大量参考信息，可以对短时间内的决策反应提供最大程度的帮助。

安迪·格鲁夫——英特尔公司的前董事长和首席执行官，他是管理界公认的楷模，最为人称道的就是他作为管理者果断决策的能力。

20世纪，美国经济进入衰退期的时候，日本的电子科技产品低价格的竞争优势让整个美国电子市场受到了巨大的挑战，英特尔公司的芯片也陷入了有史以来最大的危机。面对日本企业低价格的强有力攻势，格鲁夫果断决定放弃英特尔的存储芯片，把公司的经营中心转移到了未来PC（个人计算机）机的微处理器上。要知道当时存储芯片是英特尔公司的主营业务，对一个已经是这种规模的公司来说，要放弃自己的主营业务不知会造成多大的损失和困难。而就是这种决断，成就了英特尔后来在全球微处理器领域的霸主地位。当时的格鲁夫决策果断，一方面是他自己具备远见卓识，一方面是另外两位创始人都属于相对温和的技术派，于是格鲁夫的决定就显得更加重要了。1994年英特尔公司的奔腾芯片出现严重的质量问题，一度被IBM（International Business Machines Corporation，国际商业机器公司）全线放弃，在这种时候，格鲁夫挺身而出决定将所有的芯片召回，重新设计，虽然花了将近五亿美元，但是这个决策为英特尔公司挽回了名誉，并且在后来不断的技术研发中转危为安，日益强大。

一个决策者，要面对的往往不是长线问题，更多的是日常出现的棘手突发事件，这个时候，你的决定究竟是武断还是果断，就决定了整个团队的生死。当然，也决定了你是留名青史还是重新变成一个默默无闻的马前卒。

站在山顶的人

中国有句俗话："兵熊熊一个，将熊熊一窝"，听起来很粗俗，实际上却表达了管理学上一个非常简单的理论——决策者的高度，决定了团队能走多远。很多年轻人初入职场的时候，很有雄心，很有抱负，甚至有些自傲，对那些老资格的员工甚至领导都有些不服气，不明白他们凭什么占据高位，自己明明更有拼劲儿，更有能力。然而他们没有搞明白的是，不管是生活还是职场，都像是一座座山，爬上去靠的是毅力和时间，站得更高的人，就是拥有更为开阔的视野，对全局的把控性也就更好。虽然这不是绝对的，但是概率更大一些。所以我们仰视山顶的时候就会发现，那些站在山顶的人，不仅仅是高处不胜寒，还拥有岁月带给他们的经验和敏锐的判断。

管理学上说，每一个伟大的企业都是由那些伟大的决策者托举起来的。在前面的章节，我们已经说了很多决策的方法和类型，那么这一节我们就通过几个故事来说说那些站在山顶的决策者都面临了怎样的挑战，具备怎样的素质吧。

1956年，诺贝尔物理学奖获得者威廉·肖克利回到自己的故乡旧金山，成立了半导体实验室。他招募了八个当时非常有名的工程师、科学家，和他一起组成了这个研究背景强大的实验室。可是后来，这八个有名的科学家跟肖克利相处得非常不融洽，于是他们商量了一下决定离开肖克利，去寻找新的合作伙伴，当时肖克利非常生气，把他们叫作——八个叛徒。

年仅三十一岁的阿瑟·罗克听闻了这件事情，建议这八个人不要再去寻找新的雇主，而应该创建自己的公司。八个人想了想，创建公司可以，可是没有资金啊。于是罗克提供了一个融资计划，给这八个人每个人新公司10%的股份，他们的投入资金就是他们的技术，然后剩下的20%的股份由罗克的海登—斯通投资银行拥有。这样一来，实际上罗克是需要全资资助这个新公司的，于是他开始四处奔走寻求资本，1957年他终于找到了同意投资的公司，那八个人也创建了自己的半导体公司。这听起来只是一个平平无奇的故事，但这是历史上第一次出现“科技干股”的全新投资方式，也是加速新科技开发的一种商业方式。正是这种创业方式，才使得后来硅谷的科技公司蓬勃发展。

站在山顶的人，有时候并不是只拥有经验，他们更拥有勇气和胆量，敢于创新，敢于尝试那些别人没有走过的路，这也是让这些站在山顶的决策者发现更高的山峰的一个重要品质。

世界上最大的零售企业大概要数沃尔玛了吧，它的创始人萨姆·沃尔顿本身不是什么技术宅，就是一个普通的商人。1983

年，他听取了一个下属的意见，斥资2400万美元投资建立一个卫星系统，这位下属就是公司数据处理负责人格伦·哈伯恩。

沃尔玛是这项技术的第一家零售企业使用者，这项投资具有相当大的风险，但是同时也有不可比拟的优势：首先卫星系统有助于员工与沃尔顿之间进行直接交流，尤其是随着沃尔玛的店铺扩张速度越来越快，连锁店越来越多，有一个自己的卫星系统可以帮助沃尔顿事必躬亲地完成许多监管工作；第二，卫星系统有助于沃尔顿及时了解各个连锁店的销售情况、库存以及新商品上架等不同事项。四年之后，卫星系统帮助沃尔玛成为零售业销售之王，1985年，沃尔玛的销售额为84亿美元，而卫星系统建成10年后沃尔玛的销售业绩已经升至936亿美元，再10年后达到2880亿美元的历史最高纪录。

技术革新在我们的社会几乎每天都在发生，从2000年开始的计算机大爆炸到如今互联网无处不在，科技进步的速度让这个世界日新月异。作为一个管理者，大多数情况下他们也许对科技本身并没有多少了解，但必须懂得去判断、利用科技为自己创造尽可能多的价值，这就涉及专业人士的意见。站在山顶的人，不应该是孤独的一个人，而应该是一个背后有着强大后盾的决策者。专业领域人士的建议必须听取，这是一个与时俱进、不停创新的决策者需要具备的另一个重要素质。我们常说高处不胜寒，但实际上你的位置可以很高，但是你的思想深度一定不能过于缥缈，当你成为一个固执己见、听不进去别人意见的决策者的时候，你就从一个决策者变成了一个独裁者。而不论你站在多高的山顶，等待独裁者的都不会是一个圆满欢乐的结局。我常告诉我的学生，不要抱怨自己的优秀使你变得孤独，真正使你变得孤独的是你再也无法听取别人的意见，不管是对的还是错的，你都拒绝，这样你才是孤独的，而且一定是失败的。

2000年1月，很多年轻人可能还在上学，那个月网络巨头美国在线公司宣布以换股以及债务的方式，收购当时世界上最大的媒体公司——时代华纳。时代华纳的董事长杰里·莱文对这种收购方式非常满意，甚至对外宣称这简直是“天作之合”，他对这次传统和新媒体的结合抱有极大的期待，并且觉得其中蕴含着巨大的商机。他过于自信，以至于没有做任何限制性的保护措施。所谓保护措施就是说如果买方的股票价格跌到一定水平，卖方就可以重新更改交易条款（比方说在线的股票跌破了发行价，那么时代华纳就可以重新更改交易条款来保护自己的利益）。他深信这种情况绝对不会发生，所以不接受任何设置保护性条款的建议。也算是他倒霉吧，两家公司刚宣布合并，互联网泡沫就破灭了，美国在线的股票价格一路狂跌，由于没有任何保护条款，时代华纳无法重新进行交易谈判。于是时代华纳的管理层建议莱文以美国股票崩盘为借口彻底取消这次合并，可是莱文仍旧一意孤行，最终这家市值750亿美元的公司，曾经100%的股份属于时代华纳股东，如今没有赚到钱，公司的股份反而缩水到了45%。

当决策者在高处站得久了，非常容易出现的症状就是——不听、不信、固执。当然这也不能全怪决策者，因为果决和武断之间真的不太容易把握尺度，况且历史上有很多成功的决策投资者恰好真的有着好运气，决策者对自己的位置的把握程度和经验的使用力度要完美地平衡身边的建议和新情况，这是非常困难的。也许看到这里，有些读者会发现这一节中我们鲜少提到“深度思考”这个概念，当你想到这一点，那么恭喜你，你已经在随着逻辑和思路思考了。管理决策本身就是一种思考过程，而我们提到的所有决策都是经过管理者深思熟虑的，不管是成功还是失败，思考的过程都在那里。

如果有一天你成了站在山顶的人，请你一定要记住自己思考的每一个过程，失败了要知道为什么，成功了更要知道为什么。永远要记住——侥幸的成功，比失败更可怕。

领导者/管理者的思维

在决策这一章，我们针对的不仅仅是每一个个体，更多的，也是针对在一个团队里需要做决策的管理者和领导者。每个人生活中的决策，我们称之为选择或者决定可能更加合适，然而对一个团队来说，决策层的决定和选择就是决策。那么一个领导者或者管理者应该怎样在一个团队中肩负起决策的重任呢？

思维能力是一个管理者应该具备的最重要的能力之一，也是我们衡量一个领导者或者管理者总体能力的重要指标。通过一个领导者或者管理者的思维模式，我们基本上可以看出这个人的决策能力以及工作能力。通常我们管理学上主张一个领导者应该具备四种主要的思维方式。

第一种，换位思维。我们都能理解人的本性是自私的，但是作为一个领导者，必须尽可能地去克服这种本能，学会替别人思考，理解别人，甚至将整个团队的利益放在个人利益之上。我们中国人常说要“以己度人”“己所不欲，勿施于人”。作为领导者必须明白，人与人之间是不同的，哪怕是很小的事情也能反映出每个人不同的人格和性格，一个善于换位思考的领导者或者管理者，一定能够尽量理解别人。比方说，这类型的管理者要经常思考：他到底想要什么？如果我是他，那么我会怎么想呢？如果是不擅长揣测他人的人，那么有一种更简单的方法——直接询问。当你在团队中建立起一种轻松的谈话氛围之后，每个人都会比较容易表达自己的想法，你作为管理者也就能够更为直接地了解到每个人的真实想法。

第二种，内省思维。这个我们在前面的思考章节里是提到过的。所谓内省，也可以叫作自省，就是反思自己。作为一个领导者或者管理者，隔一段时间，最好是每天问自己这些问题：我的决定是不是太自负了？我是不是过于自信了？我是不是太得过且过了？我是不是太不明是非了？我是不是太软弱了？我是不是没有分清楚轻重缓急？这些问题你可能觉得都没有什么实际意义，然而当你真的在管理岗位上，并且开始思考这些问题的时候，你就会发现每天自省能给自己带来什么样的改变。而内省思维在一些关键性事件发生之后，就显得更加重要。这里的内省就涉及总结经验教训，并且学习，然后反思以后如何能做得更好。失败是如何失败的？成功是如何成功呢？从失败中学到了什么？从成功中总结到了什么？从上小学开始，这些方法就已经有老师就教给我们了，在这里我就不再多陈述。提醒一点，内省和抱怨是两码事，一个总是抱怨和推卸责任的管理者，是没有希望的，如何区别抱怨和内省？很简单，抱怨是一种情绪的发泄，不会产生任何有效的计划和思路；而内省是平静的思考过程，目的是得出如何前进的方法。

第三种，目标思维。作为管理者，比团队中其他普通成员的责任更为重大，如果说普通人混混日子也还可以养活自己的话，那么一个管理者如果是个漫无目标、每天混日子的人，这个团队失业的就不止一个人了，所以管理者要有明确的目标。很多人知道这样做的好处，可是大部分人并没有设定自己的目标好好生活。如果你问一个中国人为什么要工作，大部分中国人会告诉你，他们只是为了谋生，为了工作而工作。不光是工作，哪怕是自己的人生，许多中国人也不清楚。为什么要结婚？为什么要生孩子？为什么要工作？该和谁结婚？该做什么工作？管理者在进行决策的时候，最应该问的就是：我们的目的是什么？我们的目标清晰吗？很简单，多问自己为什么、怎么做。作为管理者，首先做到自己思路清晰、目标明确就很不错了。

第四种，前瞻思维。我们都知道，有规划的人一般都走得比较快，也走得比较远，我一向跟学生说，能够规划自己未来的人本身就已经赢在起跑线上了。作为一个管理者，你是不可能预测未来的，也没有人可以预测未来，那么想要用自己的经验和智慧去对以后的事情做一个规划，需要的就是大局观和前瞻性了。大局观和前瞻性本身就要求一个人有很高的思维能力，也就是说你必须能预料到变化的发生，并且能够针对各种变化做出反应。

既然不能预测未来，那么预判就变得非常重要，除此之外我们之前讲过的短时间内的决策思维能力也很重要，有时候生活瞬息万变，电光石火之间，你必须做出决定，必须完成思考，必须告诉所有人你的目标和方向。

管理者的四种思维方式，只是一个非常宏观的介绍，如果想要掌握这四种思维，并且将它们用于工作和人生中，需要的不仅仅是实践中的练习，更多的是思考。在你遇到每一个挑战、每一件事情、每一个问题的时候，都需要思考，这样的思考锻炼能够让你更好地积累经验，使思考能力的增长事半功倍。除此之外，我在这里还想提到一种思维方式——创新思维。

之前在讲述管理学的时候，我之所以没有过多地提到管理者的创新思维，是因为创新意味着一定程度上的冒险。创新要求管理者用超前的眼光看到问题，并且在决策中尝试突破。这样做当然冒险，但有时候遇到一些瓶颈，从多个角度和层次结构去思考问题，寻找答案可能更有奇效。我在这里当然不是鼓励管理者去创新、冒险，我的意思是，思考的方式不要过于单一，不要做井底之蛙，一成不变固然稳当，但也会失去很多机会。因此作为一个决策者、管理者、领导者，可以在稳定的基础上，多多益善地接受大家的方案，甚至可以从一定程度上去尝试。比如说每年对于新项目的投资比例可以有一定程度的增加，哪怕是并没有涉猎过的领域等，这样的做法不但能给团队带来新鲜感，有时候也有机会为整个团队带来新的机会，涉猎新的市场。与此同时，不断地修正，不断地调整自己的思想也是非常有必要的。

管理者 / 领导者，是站在团队顶端的决策者，你们的思维能力决定了大家的成败，要记住你们肩负重任，因此你们必须学会思考，和思维达成共识，做一个优秀的管理者 / 领导者，就意味着做一个思维能力极其强大的支柱。

第八章
大数据时代的力量

数据——蕴含着我们的过去、现在和将来，在信息爆炸的大数据时代，能够掌握大数据力量的人，就掌握了最多的思考资源，得出的结论也必然最符合未来预期的发展方向。

大数据究竟是什么

“云”这个字大概是这几年接触互联网的大家听得最多的字了，云端数据库、云盘、云计算等。这个字涵盖了一种非常玄妙的数据概念——大覆盖面和共享。我们拿现在很多人常用的云盘来说，从存储硬盘时代开始，我们就纠结于各种内存，从128MB（Megabyte，兆字节）到1T（Terabyte，太字节），随着云端存储的开发，越来越多的人开始喜欢将自己的数据上传到网络上，使用云存储。这种云存储不但在内存上远远大于线下的硬盘，更有利于人们之间互相分享和查询资料。那么云中究竟都有些什么？实际上，电脑和互联网最初都是在模拟人类大脑的工作方式，云盘就像是你大脑中的记忆区，我们所谓的深度思考，就是基于大脑存储内容的一种数据处理。大脑中的内容越丰富，你对事情和问题的判断依据就越多，也就越可靠，这就是所谓的经验。在了解深度思考与大数据的关系之前，这一小节我们来聊聊数据究竟是什么，以及对思考来说，数据究竟担任着什么样的角色。

我们先来说一个小例子，买过机票的人都知道，同一个航班，你在不同的时间买，机票的价格是不同的，而很多人也发现，并不是越早买机票就越便宜。那么就有一个问题了，我现在查出来机票价格很低，到底是应该买还是不应该买呢？为了解决客户的这个问题，各个机票网站都设计了相应的机票价格预测软件，这个软件就是通过对过去机票价格和时间数据的收集，进行机票价格增长幅度的预测，从而让顾客能够抓住最便宜的购买时机。美国著名的Farecast（美国微软公司于2006年开发的一款线上比价服务功能）就是这样一个预测工具，据统计他们平均为每个旅客的每张机票节省了50美元。ITA（谷歌旗下的公司，主营旅行软件的开发）软件将机票的全部价格数据提供给了Farecast，然后Farecast通过分析数据获得简介价值，其中一部分以便宜机票的形式分给了其使用用户，然后收取广告等佣金自己盈利。这就是数据的实际经济价值，可以说数据的价值不仅可以满足一些企业的发展需要，也可以实实在在地造福社会，为大众提供更加经济实惠的生活方式。

2012年，《纽约时报》宣布大数据时代降临，它给出的概念是——无法任意时间内用常规软件工具对其内容进行抓取、管理和处理的大量而复杂的数据集合。很多金融学家认为大数据需要强大的处理方式、逻辑思维能力、决策力和洞察力来发挥真正的优势和力量，也就是说，数据是客观存在的，如果我们想要利用这些数据中蕴含的巨大财富或者信息，就必须看到人的思维在其中的作用。大数据的收集可以帮助我们获得海量的信息，但要想对未来进行一定程度的预测，需要的是人类强大的思维能力。数据的存在并不是规规矩矩的，它们往往如一团乱麻，甚至会有错误的信息和各种漏洞，在这种情况下，大数据的挖掘基本上可以归结为人类的思维逻辑和挖掘手段的竞赛。

大数据的应用发展跟互联网的快速发展密不可分，二者都是2000年前后开始普及的。2000年之后，互联网每天新增网站大约有七百万个，2000年年底全球的网页数量已经达到了四十亿，经过将近二十年的发展，显而易见，现在当我们打开电脑的时候，面对的数据是多么巨大。为了满足用户的需求，每个网络公司都在努力地对自己的数据库和搜索服务进行优化，为的是提高人们使用互联网的效率，这也是大数据应用的最初起点。在这里不得不提的就是谷歌公司了，谷歌提出了一套全新的数据分布体系，后来又建立了分布式文件系统（GFS，Google File System）、分布式并行计算（MapReduce）和分布式数据库（BigTable）等技术，运算规模的成本大大降低了，这些都是奠定大数据技术的基础，也可以说是大数据技术的前身。随着大数据的应用开始革新，社会各界都开始使用这种分析方式对自己的视野进行调整和修改，甚至可以说大数据是一种新的发展工具。2011年，麦肯锡、世界经济论坛等知名机构对这种数据驱动的创新进行了研究总结，随即在全世界兴起了一股大数据热潮。

在大数据时代，各个行业产生了超大量的数据积累，我们不再拘泥于传统的统计方式，而是通过对大数据的理解和分析，来获取自己想要的那部分关于世界的因果联系，或者寻求真相。曾经的计算机从存储到运算能力都非常有限，人们只能从海量的群体里面抽取一部分来代表它们，我们的统计学就是基于这个理论建立起来的。在统计学上，我们说当样本量无限大的时候，样本分布就会无限接近完美的正态分布。就像我们内存有限，就只能将高清的照片压缩成更小的照片来存储，那么就会丢失许多像素点，也就是信息，而且压缩之后这些信息是无法找回的。因此大数据从一个方面来说可以最大限度地为我们提供最接近真实情况的样本量和信息，不用担心以偏概全，也不用担心信息缺失。除此之外，大数据还能帮我们节约人力和物力，比如说我们不需要再进行抽样调查，也不需要人们对于抽样情况反复确认。因此，大数据也就代表了大存储和大运算量，这是我们这个时代对大数据的两个基本需求。

另外，大数据顾名思义，还代表着数据的“大”，或者说是杂，我们提到过，海量数据里面会有许多繁杂甚至错误的信息，也就是说我们必须训练机器通过逻辑运算将有效正确的信息提取出来，供我们做决策思考之用。在20世纪80年代，IBM的研究人员，让机器自己估算一个词与另一种语言的一个词的匹配程度来翻译，将三百多万句加拿大议会资料翻译成英语和法语，在短时间内大大提高了机器翻译能力。2006年，谷歌通过从全部互联网收集到的资料来训练计算机，从网站上去快速找到对应翻译的文档。2012年谷歌数据库已经覆盖了全世界六十多种语言，可以有十四种语言的输入，并且完成翻译。这种庞大的数据处理就是机器训练，这个过程实际上非常类似我们训练我们的小孩子，是一种对机器的逻辑训练，也是搜索训练。这就是大数据的高级功能之一。

在我们传统的逻辑关系中，因果联系是我们分析和预测一个事物中最重要的关系，那么大数据同样如此，只不过在数据时代，所有的因果逻辑联系需要通过长时间的基础数据收集、基础科学研究、理论分析、实验验证、再实际应用。这个过程是必要的，就像我们永远不能期望大数据能代替我们人类来思考，至少是从某种程度上必须是人类自己进行思考是一个道理。大数据是一种思考的参考工具，它的出现可以帮助我们短时间内获得大量思考的资源，而如何运用大数据，就是你自己的思维说了算。在《王者荣耀》里有这样一句话："没有最强的英雄，只有最强的召唤师。"没有神一样的大数据，只有人类自身的深度思考与强悍逻辑。

大数据和大思维

大数据时代的出现，让我们可以在短时间内收集到大量的信息，得到大量的思考资源，但是在大数据下面的思考，才是大数据最终能够服务我们的最重要的一环，我们在这里称之为——大思维。大思维，顾名思义，取一个“大”字就是为了强调思维的广度，我们谈的深度思考，一直在强调深度，思考一个问题的时候一定要想透彻、明白，而当我们谈大思维的时候，更要考虑的就是思维的广度，要宏观全面地去思考整个问题。我们从大数据中收集来的信息，只有当我们能够有一个宏观思考能力时，才能在海量的信息里提取最有效的信息，并对未来和问题做出最准确的预测和判断。

宏观思维是一种整体思维方式，也就是要将判断的对象当作一个整体，比如一个行业，在进行宏观思维的时候，需要考虑的就是整个行业，而不单单是一个企业。当我们看到股市涨跌的时候，也不应该只看到这个股市，而应该把整个宏观调控考虑进去。一个涨跌幅指数反映出来的不仅仅是这一个公司的股票市值，还有市场的一种变化趋势，甚至政策趋势。宏观思维就是一种大思维，这种思维并不局限于事物的本身，还关乎事物和所处环境之间的关系，当我们用大数据得到现在的情况信息后，宏观思维要求我们将数据看作一个整体，而不是割裂的几个数据，在思考因果关系的同时，要把所有影响因素都考虑进去。从一个点去思考一个圆，找到一个立足点之后，从整体来观察整个数据，得出预测模型，这是现在许多大数据运算的基本逻辑方式。

大思考的一个突出目的就是从大数据中找到各种相关性的关系，以前我们在做统计学的时候主要寻找的是因果关系，而现在由于数据的量超大，数据种类超多样，我们寻找的已经从单纯的因果关系转变成了相关性的关系。有时候我们面对大数据，可能根本不知道自己在搜什么，不知道自己要看的是什么，于是我们就需要大思考的方式，来对我们传统的理解分析方式做更好的提升。

在大思考的过程中，我们要提到一个之前说过的概念——概率，这个世界是概率的世界，所有发生的事情都是不确定的，是一种概率关系，我们就算找到了因果关系，也是为了推测这件事情，或者这个决策的正确率，没有人能保证百分之百正确。美国开发过一个“个性化分析报告自动可视化程序”软件，这个软件专门做数据挖掘，所谓挖掘就是去发掘各种相关性，进行分析等。这个过程非常接近大思考的过程，举个简单的例子，我们可以从一个人的网络购物车清单中，发现这个人是单身还是已婚，甚至是不是已经怀孕，然后向她推送相关的各种产品，这样不但帮她节省了搜索时间，也帮商家获得了更多的利润。这种大思考机器就可以完成，那么更为复杂一些的就需要人脑亲自来进行大思考了，比如说我们通过数据分析了现在中国的男女比例是多少，从数据中只能看到客观的存在数据，比如男生多少人、女生多少人、城市多少人、农村多少人，但是我们通常想要回答的问题是：为什么剩女越来越多？如果男生多，那么应该是剩下的男生多才对啊？为什么人们现在的生育意愿这么低？这些思考就是大思考的一个重要过程。也就是说我们拿到计算机从大数据中分析的数据之后，要有一个自己的逻辑思考过程。就刚才那个问题来说：城市中的女生比例更高，受教育程度高的女生比例更高，而大量男孩出生在农村。调查显示，农村的女性结婚的年龄普遍低于城市的女性，那么我们在都市中看到的报道更多，城市的剩女问题比农村要严重，而农村的剩男情况比城市要严重，因此并不是简单看男女比例多少来决定整个情况的，而是要看具体的情况和我们要用数据回答自己什么样的问题。

我们说了，要用概率去看待这个世界，因此我们在思考的时候，应该多去思考相关性，而不是单一联系。当然因果关系是基础，但在大思考的过程中，相关性思考比因果维度更广。信息时代，我们面对大数据的相关性思考越快速，我们得出结果的准确概率就会越高。

除了相关性思考之外，还有一种大思考也很有用处，那就是预测。我们之前反复说过，人们思考的主要目的，就是从大量的经验或者经历中提取有用的信息，来指导我们的生活，对我们面对的问题做出预测等，那么大思考就有了一个相较普通思考更贴近下游的功能——将不能预测变为可以预测。

和机器训练中的过程类似，我们大思考预测也是一个训练过程，人们会用数学算法给计算机一个逻辑公式，让计算机从大量发生过的数据中预测可能发生的事情。那么这里要注意，预测不可能只是是或者不是，而是一种概率，就是预测出发生概率最大的事情是什么，出现概率最大的情况是什么。在思考预测的过程中，我们可以利用我们教给计算机的方式，首先从经验中总结，然后对未来可能出现的情况做推测。我们拿高三的学生来说，为什么各个学校都如此热衷于让学生做模拟考试？不仅仅是因为模拟考试可以最大限度地提高学生的实战能力，更重要的是必须让老师和学生都对自己目前的水平有一个大概的了解，这样才能有一个明确的目标。比如说有一个学生文科成绩明显高于理科，而且每次考试的差别都非常明显，那么这个学生在选择文理科的时候，显然就可以根据平时的考试预测了解到：报文科一定会比报理科拿到更高的成绩，有更高的概率可以上更好的大学。这是一个非常简单的例子，甚至可能都用不到大思考，但这种简单的思考就是大思考的基础。我们上一章介绍的管理和决策层做出的每一个决策都应该是经过宏观大思考的，而每一次大思考的背后都堆叠了许许多多的小思考，就像大数据的海洋是由无数的小数据组成的一样，大思考背后是不断地思考联系，深度思考的锻炼，可以帮助你建立全局观，让自己的思考更有前瞻性。

在大数据时代，学会怎样思考是需要训练的，我们面临的时代变化太快，许多事情和时机转瞬即逝，想要在大数据时代存活下来，拼到最后，有时候靠的是勇气，但更多时候靠的是思考的能力，或者说大思考的应用熟练度。

大数据的思维通病——过度思维

大数据思维给人们带来了新的资源和思考方式，但同时也给很多人带来了新的困扰，很多本身容易想太多的人，面对过多的信息时会想得更多，做出决定的时间更长。然而在生活中，有的人把这个叫选择困难症或者拖延症，但实际上我们认为大量数据给大思维的一个重要的挑战就是——时间。

大家有没有想过，为什么从小到大那些做题速度很快、写作业速度很快、效率很高的人都会让人觉得很聪明，智商很高？因为每个人的思考都是有时间的，思考速度越快的人，行动就越早，也就会比别人拥有更多的经验或者经历，甚至是犯错误的经验。久而久之，思考速度快的人就会越来越快。当然还有一些喜欢深思熟虑的人，我们不是说深思熟虑不好，只是在特定的时候，思考得过于烦琐对你做出决策并没有正面作用，相反，拖延了时间之后，这些决定就会失去时效性，反而不能达到深思熟虑后所期待的那种完美的结果，这就得不偿失了，这也是由于数据量太大造成人在思考的时候无所适从、无法决定的一种情况。

过度思维指的是我们的大脑对收集到的信息过度思考、过度依赖，甚至夸大某种因素导致的结果的思维方式，通常过度思维会自动删选一些信息，然后把注意力集中到某一些消极负面的信息上，产生的结果通常是过度敏感或者过度焦虑。我们常说的货比三家，正面来看是收集主要信息之后，做出最经济实惠的判断和选择，但是试想一下，如果你比较的对象过多，那么就会出现这样一种思路：下一家万一更便宜呢？于是你永远无法做出选择，或者做出之后总会觉得自己吃亏了。这就是对象过多时产生的过度比较。而过度思维通常是人们对某一件事情，或者数据中的某一部分太在意，或者对某些信息过度敏感造成的。这种思维是自发性的，通常很难控制，当数据量过大的时候，过度思维会更加严重。

那么我们来说一说容易产生过度思维的人群，这些人群在使用大数据分析的时候需要格外注意，不要让自己被数据控制，被数据牵着鼻子走。

第一类：对环境过分敏感。心理学上有一种症状叫被害妄想症，这类型的人对周围的环境非常敏感，在一个新的环境中容易产生不安，由于内心对危险的过分夸大会导致这类型的人很难走入新的环境。这些人在生活中按部就班，不喜欢新鲜的环境，当他们被迫要走入新环境的时候，会进行充分或者过度的调查准备来安抚自己不安的心理。然而实际上这种过度思维通常会使他们的思维被束缚住，也使他们停留在自己的“舒适区”中。在舒适区中，大部分人不愿意动弹，也不愿意进步，这一方面你可以很舒服，但另一方面你的思想也就会慢慢变得懒惰，不再有进取心，最后导致你对生活失去最起码的兴趣和激情。

第二类：缺乏安全感的人群。这类人群对自己和生活缺乏信心，认为任何事情都有很大的风险。这类人对自己的未来总是缺乏信心，喜欢从很多方面收集信息，比如听取好多好多人的意见，最后想想还是放弃。这类型的人大脑时刻处于紧绷甚至悲观的状态，实际上你在处于愉快的情绪中时，思考能力会更加活跃；而处于悲伤的情绪中时，思考能力则会受限。两种都属于思考范畴，但是给你带来的感受就大大不一样了。这类型的人过度思考，很容易放大一些事件的意义和重要性，而这些人往往又是悲观主义者，因此生活中真的缺少欢乐。

基本上可以看出，在大数据中迷失的思考者往往是悲观主义者，那么我们应该如何克服这种过度思考呢？在这里我们也给出几个建议，大家可以在生活和思考的过程中尝试一下。

首先，忽略思维。当你发现自己在反复思考或者反复担忧一个问题的时候，尝试先不去管这个问题，让大脑对这个对象的信息流被截断，这样能最大限度地先让思维放松下来，然后冷静地去做其他事情，这样可以帮助你避免过度思考。

其次，让自己处于不利于思考的环境中，去放松大脑。这个听起来很奇怪，但是非常有效，很多因为多思而失眠的人，就是在夜深人静中有点儿想太多，因为安静的环境本来就适合人们去思考。那么当你对一个问题反复思考，很头疼的时候，不妨让自己走到很嘈杂的环境中去，比如菜场、聚会等，这样可以让你的大脑暂停思考，用外界的强大信号源去阻断过度思考的信息流。

第三种，如果你是一个悲观主义者，那不妨让自己悲观到底。很多悲观主义者之所以很丧，是因为他们对生活其实还是有希望，自己的期待就在那里，但是他们害怕实现不了，这才是他们悲观的原因。既然如此，不妨让自己设想最坏的情况，不要有任何一点期望的情况，这时候你想透了，反而会发现最坏的情况也没有多糟糕。这是一种让大脑停止过度思考的比较特殊的方法。

最后一种，也是大多数人会采用的，就是让自己的注意力长时间转移开，比方说去旅行、约会等。当然这种方式需要一定的时间基础和经济基础，并不适用于所有人。过度思考在大数据出现之前就存在于我们的大脑中，在大数据产生之后更为突出地表现了出来，我们在进行深度思考的同时，必须注意避免过度思考来节约我们的思考资源，来提高我们的思考效率。要明白，一个懂得思考的人，并不代表思考时间最长哦。

信息缺失——大海捞针的思维绝境

深度思考是一种意识形态，是一种大脑收集信息之后的整合与输出，深度思考的结果会最大限度地影响我们对事物、对问题的判断和行动。犹太人有一句谚语——“人类一思考，上帝就发笑。”以往很多人把这句谚语理解为，人们的思考总是非常片面，总是自作聪明。但是实际上，我们在现实生活中思考判断出现偏差，很大程度上是信息缺失造成的，这是一个思维瓶颈，甚至有些时候可以成为思维的绝境。

信息缺失，顾名思义就是所观察的对象展现的信息不全面，甚至有些关键信息被故意或者无意漏掉、隐藏的情况。在大数据时代，从理论上来说很难出现信息缺失的情况，但是从人的主观接收上，就很容易发生主观信息缺失，也就是人为忽略掉某些重要信息。这样思考之后产生的结论往往具有片面性，在这种思路上的决定从长远角度看就很有可能出现更大的问题。

除了统计学中说到的信息缺失有可能是收集数据的方式有问

题，或者操作失误造成的。更多时候，影响我们生活的“信息缺失”是由于信息不对等造成的，也就是人为掩盖某些信息，从而达到自己的目的。

目前我们能看到某些别有用心的国家和政府通过一些渠道给我们的年轻人灌输片面、偏激的信息，让这些年轻人变成他们的武器和工具。而我们的学生们也需要反思，自己在表述每一个观点和做出行动的时候，到底是基于什么样的信息或者证据进行的，这些信息和证据究竟可不可信、究竟全不全面。坦白说，每次看到学生的这些行为，我都很难过，但是我也明白，大部分学生一定在努力地拨乱反正，哪怕声音再小，他们也不会轻易放弃。信息的重要性实际上不需要我说，每个人都能举出无数自己或者身边因为信息缺失而导致的失败例子。

那么如何避免信息缺失呢？我们这一章都在说大数据，大数据就像是一片汪洋大海，我们每个人都在自己的船上往下看，每个人站的角度不一样，看的深浅不一样，目的不一样，对信息的过滤和筛选就不一样。那么避免信息缺失的一个很直观的方法就是——尽可能多、尽可能全面地去收集数据，尽可能多地从不同角度去观察这个事件对象，不要急于决定，不要急于下结论。这些实际上每个人都能说得头头是道，可是到了实际事情上，该怎么片面还怎么片面。那我们就根据这些建议给一些实际可以操作的方法。

第一，将自己的事情和面临的问题分等级，从1—10，给出不同的分数，10是必须迅速解决的，1是可以暂缓解决的。当然这么做的前提是你必须有一个清单，上面详细地列出了你所面临的问题和你要观察的事件对象。那么对分级很高、需要快速解决的事情，收集信息的时间就要短，这种信息就要广而不要深，要抓住主要矛盾。比如，我想找最便宜的东西，那么我就只看价格，不要看质量等其他因素，然后根据一个关键因素的广义大数据给出一个结论。那么对评级比较低的事件，你就有时间去做大量的调查，这个时候不要单纯收集数据，而是要结合之前的例子和经验。比如说你想做一个如何提高孩子学习效率的计划，那么你可以和其他的家长、老师多沟通，了解一下别人对这个计划的做法，结合自己的孩子的情况，做出一个方案。由于不用着急，你也可以利用我们之前说过的修正理论，在实践中不停地调整，逐步形成最合适的方案。

第二，当你明显感到自己的信息量不足的时候，不做任何结论和评价。我们常说“说者无心，听者有意”，尤其是在职场中，言多必失是一个铁律，可无奈的是很多人管不住自己的嘴。所以我们在这里建议，当你明显察觉到信息不足，让你无法思考出最合理的结论的时候，多说“我不确定”，不要武断地去下结论，你的结论有时候也会影响到自己的思维方式，这就是“先入为主”。因此，面对思考对象的时候，暗示自己的大脑——“我也不确定”，可以让你的大脑主动开始更加深入地思考。习惯这种方式之后，你会发现，你在表达观点的时候越来越严谨，这在职场和生活中会是一项非常有用的技能。

第三，反推理论，大多数时候我们并不知道信息是否全面，就像我们去咨询某些课程或者理财项目，听到的大多是销售人员希望我们知道的，我们自己无法确定在一个不了解的领域中是否存在信息不对等或者缺失的情况。这种时候，我们可以来一个反推理论，也就是逆向思考。举个例子，一个公司来寻求合作，放出很多优惠政策和利好，你听了之后发现如果合作的话，你们公司会有大量收益，简直是天上掉馅饼，这个时候你可以很简单地反问一句：我们合作对你们公司有什么实际好处？这种逆向思考通常会让你得到更加合理的信息，也会知道对方隐藏了什么信息，有助于你做出最合理的决定。最简单的反推理论我们天天在用——物有所值，连每天买菜的阿姨都知道，便宜的菜更要好好挑选，因为这些便宜的菜一定有很多问题，所以在选的时候一定要更加小心。这就是合理的逆向思考。

在大数据海洋中，我们需要知道的信息太多了，抓重点，防止自己被欺骗、被蒙蔽是让我们的深度思考能够走在正确路径上的重要出发点。从未有人知道确切、全面的数据长什么样子，但是逻辑是什么样，我们的大脑比我们自己还要清楚。

神秘的思维逆境——抑郁症

实际上，这一个小节和我们所讲的大数据以及深度思考看起来都没有太大的联系。而我仍然想把这一节放在这里，一是在我看来，抑郁症和思维是有着密不可分的联系的；二来是因为在大数据时代，不单单是公司和团体会利用大数据做一些运营和决策，我们普通人在日常生活中接触各种信息的途径也变得非常丰富，而这大量的信息同样是造成抑郁症的一个方面；最后，抑郁症的频发让人们再一次发现自己对大脑的了解和研究远远不够。因此，在大数据时代，我们来谈谈思维的死胡同，一个悲伤的话题：抑郁症。

社会大众开始关注抑郁症大概也就是这几年的事情，而这，还要归功于自媒体的兴起。自媒体作为大数据时代的一个副产物，给我们的生活带来了从娱乐到新闻全方位的信息。各种名人和明星因为患有抑郁症而发生悲剧，使社会大众开始关注这种不同寻常的病。不知道大家有没有感觉，中国人大概是这个世界上最抗拒心理治疗的一个民族，我们每一所大学都有心理辅导员，但是很少有这样的设置可以真正解决问题。而我们也不习惯到医院去看心理科，在我们心里对心理疾病有一种偏见——神经病，也就是我们所谓的“发疯”。我在这里要首先声明一下，抑郁症是一种疾病，一种需要去医院进行治疗的疾病，而不是所谓的心情不好、心理不健康，通过旅行、阅读就能不药而愈的情绪。我们必须正视这个概念，才能够全方位地去理解这种疾病，才能去帮助你身边患有抑郁症的朋友和亲人。

我们已经在前面的部分反复提到大脑的思维模式和逻辑体系，那么当你的逻辑体系没有问题，但是思维模式却出现问题的时候，大脑就处于思维逆境中。我们首先来了解一下某些天才，根据神经学家和心理学家的研究，历史上的大部分天才患有一种大脑思维病，我们普通人的大脑是会自动过滤一部分对大脑可能有害的信息的，而这些天才的大脑没有这个功能，他们和我们感受到和看到的世界是不一样的。就像我们在睡觉的时候，大脑的信号接收也就关闭了，但是你想象一个人尝试睡觉，如果耳朵里一直在制造各种信号，一直耳鸣，那么他的大脑就会非常疲惫。对抑郁症来说，让我们困扰的是无法找到致病原因，唯一值得注意的是在生活节奏和压力比较大的城市，抑郁症的发病率明显要高于其他地区，很多人把这理解为环境因素，比如房价太高、对象太难找等，但实际上我的观点是，由于在大城市的人们接触的信息数据量过大，有些信息甚至完全没有经过加工过滤，而我们的大脑在接受这些信息的时候长期处于工作状态，久而久之思维就会出现偏差。环境因素必然也有影响，但是大数据时代的出现从某种程度上加剧了抑郁症的发病。

在这里我们不讨论所谓抑郁症有多可怕、抑郁症是如何产生的，我们着重想跟大家分享一下如何面对抑郁症。

抑郁症患者有一个非常重要的特点，就是对任何事情都没有兴趣，甚至在床上不愿意起来，自己也找不到起床的理由，长时间的情绪压抑导致沟通障碍。患者首先应该正确面对自己的情况，去医院寻求最专业的帮助，另外找到你最信任的家人和朋友，告诉他们你现在的状况，相信他们会帮助你。对患者来说，做到这一步非常困难，但是既然大数据可以让我们的思维模式出现问题，那我们同样可以利用这个去更好地治愈自己。如果你不希望身边的人知道自己有抑郁症，或者不知道如何开口，网络也许可以帮助你。很多人发现在网上发言比在现实生活中更容易。

其次，如果是你身边的人有抑郁症——这种情况可能更常见，这时要注意的是不要没事就去劝人家要开心、要想得开。对抑郁症患者来说，他们是思维出现了问题，你说得越容易，他们越会认为自己没用、无病呻吟、没事找事。另外不要排斥他们，比如认为他们很扫兴，于是任何活动都不邀请他们参加，让他们长期独处。我们说深度思考必须是有效的，而不是自伤的，对抑郁症患者来说，需要的就是陪伴，哪怕是不理解的陪伴。简单地说，你把抑郁症患者当作病人来呵护，他们的大脑会更加意识到自己有病，但如果你把他们当作正常人来对待，他们的大脑反而会认为自己还有希望。

虽然我刚提到抑郁症不能靠转移注意力、旅行来治愈，但是这些手段对抑郁症来说是非常有帮助的。如果说抑郁症产生的部分原因是大脑接收到的数据信号过于繁杂，那么暂时让大脑好好地放个假，好好接受一下原始的世界感观，这对思维自动修正有非常大的作用，配合药物治疗，很多抑郁症是可以完全治愈的。另外，必须提一句的是，不要相信网络上那些非专业性的抑郁症测试，有很大一部分网络测试是带有潜在信息目的性的，这些测试结果并不专业，很多正常人也可以得到“重度抑郁”的诊断结果，这显然是有问题的，因此到正规的医院寻求医生的帮助是非常重要的。

思考是一个非常复杂的过程，是大脑接收和传递信息的过程，没有人可以保证它永远不出错，目前也没有任何人对抑郁症有一个确切的解释。我们在谈深度思考的时候就说过，不要做无效的思考，即不要让大脑陷入死循环。我们每次说到的深入思考必须是有逻辑、有目的的思考，漫无目的的冥想当然是可以的，但是当信息量过大的时候，过度思考使大脑更容易陷入死循环。说一个最简单粗暴的方式来避免这种情况——要有目的性。我们之前谈到过计划和目的的重要性，在这一小节同样可以参考。

希望每个人都不会遭遇抑郁症的攻击，希望每个人都能够有一个光明的人生，希望每个人的大脑都能够理解微笑的意义。大数据时代思维挑战和机遇并存，利用这些数据帮助大脑进行深度思考，更好地过好每一天，怀揣着梦想或者希望，只要自己不放弃，那么你的大脑永远不会放弃你。

第九章
思维的陷阱

人是社会性的动物，当一个人做出某种判断的时候，会根据身边的其他判断进行调整，甚至会推翻自己的结论，以便获得群体安全感。正所谓：“木秀于林，风必摧之；人高于众，众必非之。”

谢利夫的团体规范形成研究

2014年，海德尔先生任职于一家著名的电脑公司，这家公司对自己的技术非常自信，因此也专注于技术研发，作为技术员的海德尔先生同样在研发团队里。有一次他阅读到了市场部发回的客户调查，显示酷炫漂亮的计算机外壳对顾客有着正向的吸引力，于是他和同事考虑，公司也应该重新设计计算机的外形，现在的外壳太老旧、太过时了，而他的同事当下就赞成了海德尔先生的观点。于是他们两个人向设计部提交了方案报告，整个部门开会，一开始大家都同意海德尔先生的观点，纷纷讨论应该如何改变外壳设计。然而一位高级经理发言表示反对，说他们公司一直是以技术取胜，没必要浪费人力、物力在浮夸的外形设计上，只要技术足够好，质量为王，客户就一定会买账。瞬间一半的员工倒向了技术经理，经过讨论，连那位和海德尔先生一起提出这个观点的同事都站在了经理那边。最终海德尔先生放弃了自己的方案，觉得让这么多人在这里浪费时间讨论这个问题很没有必要。后来海德尔问那个同事为什么反对他们自己提出的方案，同事回答说，如果不同意，害怕经理觉得自己不是一个很好的团队合作者，怕影响自己将来升迁的机会。海德尔先生回忆道，后来对手公司设计了新的电脑外壳，不但吸引了大批的新客户，连他们本来的老客户也有很大一部分被对手公司给挖走了，导致公司那年销售额惨淡，损失惨重。

这个故事就是经典的群体思考（group think），群体思考通常会导致整个团队避开最有效的决定，而在一个保守低效的决定上达成一致。这是可以理解的，每个人在社会中都在尝试融入群体，而过于标新立异或者创新的决策往往让人们感到不安，但是群体思考一旦成形，哪怕个体的决定明显具有优势，也会由于其他个体需要融入群体而被放弃，这就是为什么我们常说群体思考有一定概率会导致决策失误。英语中有一句话是这么说的："You don't have to fit in, because you were born to stand out."这句话的意思是你不必与他们同流合污，因为你生来出类拔萃。当然这句话属于励志格言，因此具有很强烈的正向引导，但也体现了人们对群体思考所造成的负面影响的反思。

说到群体思考，就不得不说到我们每个人都会遇到的一种情况——随大溜，就是从众思想。关于从众行为的一个经典研究就是谢利夫有关团体规范形成的研究。1935年，土耳其心理学家谢利夫发表了自己关于团体规范形成的研究报告。这篇报告在当时轰动一时，一个重要原因就是这篇报告明确反对了美国心理学奠基人之一奥尔波特关于群体的观点，谢利夫认为团体不是个体的简单组合，团体大于个体之和。

联系我们一开头举的那个例子，一个团体里确实存在规则，有些是明确规则，有一些则是潜在规则。比如群体讨论表决，又比如经理制度等，这些都是团体规则，而所谓害怕影响自己的升迁机会，就属于潜在规则了。为了证明在不确定的条件下，团体压力会对个体的判断行为产生影响，谢利夫利用自主运动现象在一群大学生团体中做了一个实验。自主运动现象指的是在一个黑暗没有参照系的房间里，当人们盯着一个静止不动的光点时，会感觉到这个光点正朝着各个方向运动的现象。谢利夫把大学生分成三人一组，让他们判断光点移动的距离是多少，每一组在做出判断之后，要把自己的结果告诉其他组。这个实验的实际情况是，光点是静止不动的，每个人观察的光点运动都是主观的，也就是说很大概率应该是不同的，这样就可以判断群体思考是否对个体观察有直接影响。

和预期的一样，一开始每个学生的判断有很大差异，有的人认为光点移动了几厘米，有的人认为光点移动了几十厘米。然而随着时间的推移，根据讨论和各个组之间结果的对比，所有学生的判断开始趋向一致，到了第三个阶段，所有组的判断基本达到了一致，对这个问题形成了一个共同的标准，而这个标准就是谢利夫认为的团体规范的建立。这种团体规范对每个人的行为和判断都有着制约作用。试验结束后，当谢利夫问学生自己的判断是不是受到了其他人的影响，每个学生都否认自己的判断结果受到了别人的影响。谢利夫的实验还有一个前提，就是环境不明确，比如那个黑暗的房间，越是不明确的条件，人们越是不知道该如何定义自己的判断，也就越容易受到群体的影响。

1976年，谢利夫进一步研究了自主运动中形成的团体规范能够持续多久，结果证实团体规范对个体判断的影响越大，被团体接受或者传递的可能性越小。什么意思呢？规范对个体的压制性越强，这个规范在今后被修改的可能性也就越大。举个简单的例子——暴政必亡，哪怕再强大的独裁政府也有可能在一夜之间土崩瓦解。在具体生活中，对团体的约束力越强、影响越大的规则或者决策，持续时间越久，遇到的阻力越大，被修改的可能性就越大，这就是谢利夫对从众心理的经典研究案例。

谢利夫的研究之所以经典，是因为他推翻了心理学关于团体对个体影响的某些奠基性理论。而在大众的社会生活中，从众的现象在团体中非常明显，你在日常生活中也一定能找到例子。比较有害的一种从众心理就是——猎物心态：我不需要跑赢所有人，只需要跑赢最后一名。也许你觉得这个思路也是正确的，然而你思考一下，在学校发生的各种暴力事件中，许多学生实际上并不想去欺负别人，但是如果他们不欺负别人，也许就会被欺负，于是这种从众行为就导致青少年中很多并没有暴力倾向的学生对其他无辜的学生施暴。

团体行为和规范，在其产生之初是用来凝聚集体的，用某种强制性的方式让团队里所有的人能够目标一致，并采取同样的行为去做某些事情，达到某些目标。而团体规范产生的过程通常是一个凝聚的过程，规范变更的过程则往往伴随着团体的瓦解。

我们作为团体中的个体，既要跟团体融为一体，达到最大的合作化，又要保留自己的个性和创新性，为团体带来活力和方向。那么学会在团体规范下实现自我个性化的思考和判断，就是我们这一章要重点讨论的内容。

阿希的线段判断实验（从众实验典范）

那么除了谢利夫的经典团体规范研究，说到从众实验，就不得不来聊聊所罗门·阿西。“人云亦云”这个词一向被我们用作中性偏贬义的情况，许多人不相信自己也是一个这样不分青红皂白随大溜的人，然而心理学从众实验大多得出了人们会不自觉地产生从众思想、出现从众行为的结论。其实这更易理解，我们的信息从周围而来，那么我们思考的方式也就很容易受周围影响。在特定的环境下，不管是为了偷懒还是保护自己，从众思考方式也许不是最佳的，但一定是最安全的。

所罗门的从众实验算得上是社会心理学最重要的十个实验之一，他的实验结论表明：大部分人会为了迎合其他人而否定自己的看法。注意，这里不是改变、不是微调，而是否定，虽然很多人不愿意承认自我否定，可是我们的大脑居然真的会这么做，就是为了迎合其他人，为了融入社会和集体。先说一个最简单的例子，好朋友之间，彼此会不经意甚至不假思索地模仿彼此的穿衣风格、谈话口吻、对待事物的态度等。我们刚才提到了“人云亦云”是一个中性偏贬义的词语，我们可以附和别人，问题是人云亦云的程度以及这种从众思考对我们的生活的影响是正向的还是负面的。

做一个简单的测试：下面的图形，对比左边图中的线段和右边图中的三条线段的长短，右边A、B、C哪一条和左边图形中的线段一样长？

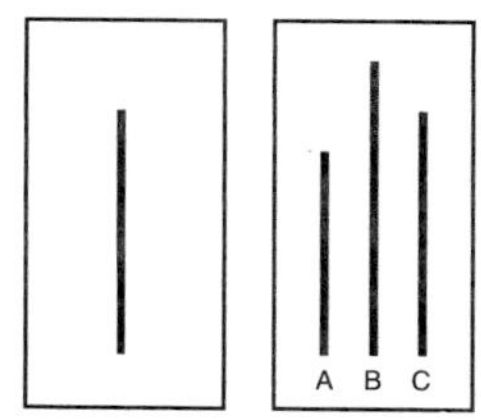

答案很明显是C。这是一个经典的心理学实验，在20世纪参加实验的人中，76%回答正确的人否定了自己的答案，转而选择了A或者B。这令心理学家感到很疑惑，是什么样的心理压力才让这些人否定了自己的正确答案，选择错误答案的呢？

我们提到的谢利夫的实验结论是人们在面对模糊的判断对象时，会利用别人的判断作为参考标准。而所罗门的实验的设计思路更加巧妙，得出的结论也跟之前的心理学实验不同。实验对象认为，当我不确定某些事情的时候，我就会去询问别人，然而这是一个条件假设——当我对某种情况模棱两可的时候，那么反过来如果我对答案非常明确，就不会受到别人的影响了对不对？那么这个答案又跟我们上面那个图形实验的结论相反了。

为了验证，所罗门这样设计了实验。他同样选择了一些大学生，每次带一个人进入房间，和其他八个假冒的被试者一起，给他们看了上面两幅图并进行比较，然后要求他们回答刚才的问题。这个过程重复了十二次，而这中间只有一个真正的观察者（被试者），另外八个假冒的人只是坐在那儿玩游戏而已，这八个人已经被告知要给真正的观察者错误的答案。一半的实验中，他们给出答案A，另一半给出答案B。真正的观察者（被试者）对所有的设计一无所知。而且所罗门聪明地设计了答题顺序，真正的观察者被安排在第五个假冒被试者之后给出答案，也就是在得到大部分人的答案之后回答。

实验结果实际上出乎所罗门的预料：

超过一半的实验中，一半的被试者跟假冒的被试者一样给出了错误答案。

十二次重复中，只有25%的被试者拒绝了这种明显的错误判断影响。

5%的被试者总是附和主流的错误答案，总是回答错误的答案。

在所有的实验中，从众附和率为33%。

我们想一下，就像“皇帝的新衣”一样，对明显有误的判断，如果大多数人做出了这样的判断，那么这种判断一定会某种程度上影响到你的判断，而那些总是附和错误答案的人在生活中并不少见。你想一下工作、学习中是不是有这样的人，他们胆小、焦虑，有自己的思考方式却从来不表达自己的观点，经常性地自我否定才能给他们安全感。

出于好奇，所罗门对参加实验的被试者进行了采访，他们给出的答案对我们所有人来说一点儿都不意外，或者说都是我们平时非常熟悉的理由或者借口。大部分自我否定、人云亦云的被试者是觉得焦虑，很担心自己的看法跟别人不一样，尤其是跟大多数人不一样，会让别人用不同的眼光看自己，让自己显得很不自然，很难融入集体；很多被试者解释自己看到的结果确实和所有其他人不同，但是他们觉得大多数人肯定是正确的；还有些人认为自己是对的，只是不想让别人注意到自己，所以故意给出错误的答案。只有非常少的人会说自己跟错误的判断本来就是一样的。

那么现在，我们肯定觉得从众思想是一种暴露在大众下的思想，如果我们彼此是独立的个体，互相不影响，那么答案还会被影响吗？如果被试者第六个回答问题，在前面已经有了答案的情况下，被试者回答的时候一定会担心自己为什么会有不同的答案。于是所罗门继续做了实验。他发现如果让被试者写下答案，同时让假冒被试者说出答案，那么附和的概率就降低了12.5%。后来还有人发现，即使在高度匿名且答案高度明确的情况下，从众的概率仍然有23%。

生活中，我们发现自信心较弱、社会地位较低的人群更容易产生这种从众判断；那些敏感焦虑型的人也更容易产生从众判断；与此同时，我们中国人的中庸之道，也让我们比西方人更容易人云亦云。和谢利夫的实验不同，所罗门给我们的是一个明确的答案，在你明明看到答案的时候还能给出错误的答案，只是为了迎合讨好别人，这种行为更好地证明了我们大脑思维的从众判断。历史上这种经典的故事就是——指鹿为马。那么我们说的独立思考和从众思考究竟哪个更好？实际上，这二者之间并没有绝对的优劣。

从文化背景出发，我们应该很容易理解，东方的中庸之道是为了让我们更好地融入集体，而不是让我们否定自己。我们之前说到的思考方式和策略思考都强调了团队和集体的重要性，因此从众思想没有什么特别可怕的地方。如果你发现自己会人云亦云，实际上不用太惊慌，还是那句话，你要判断这种做法对你的生活有没有正面的帮助。从众的研究很大程度上是关于规范的，而关于我们是否应该遵守社会规范，相信每个人心里都是有答案的。

思考从来都是有前提的，这在我们说逻辑的那个章节已经谈到过很多次了。不要让自己变成一个没有思想的木偶，也不要让自己变成一个破坏社会规则的暴徒。实际上思想中的很多矛盾是缘于人们没有分清楚前提和角度。当我们了解了自己的目的和需求，明白了从众规范存在的意义的时候，自然也能在相对自由的环境下过好自己的人生。

从众是一种在压力下发生行为改变的倾向

关于从众行为的思考和心理学研究，我们已经说得差不多了。那么从众行为是否是我们通过思考产生的？这种行为和我们进行深度思考之间有没有必然的联系？或者说我们究竟该如何判断从众行为对我们带来的影响呢？这一节，我们就主要来聊聊作为社会动物的人，群体压力对我们行为的影响。

压力是一种很抽象的影响力，它会影响我们的思维和行为，尤其是我们在团体中的行为。实际上当人们一个人的时候，很少会受到其他人所施加的压力的干扰，就比如说一个大龄单身女青年，平时一个人工作和生活也很和谐，没有烦恼，工作运动，吃饭睡觉，毫无压力，但是逢年过节回到家中，遇到七大姑八大姨喋喋不休的关心就会感受到空前的压力，这就是团体压力。我们还用“催婚”这个主题来聊从众压力，大家有没有想过，除了人类本能和进化学研究，到底是哪个人告诉你：多少岁了，你该结婚了；多少岁了，你该生孩子了；多少岁了，你该有车有房了等。实际上社会中的群体形成的固有规范包括了行为规范和生活方式规范。所谓生活方式规范就是我们理解的大多数人选择的生活方式，成家立业、娶妻生子、功成名就等。

当社会群体形成了一些固有的规范，而个体又不愿意去跟随这些规范的时候，就会变得不同和突出。就好比一个女人三十五岁了还不结婚，还不成家，对那些遵守了社会固有生活方式的人来说，这个女人就太特别、太不合群了。人类除了从众之外，还有一个不太友善的毛病——排他。就是你跟我不一样，我就讨厌你，就集中其他跟我一样的人一起排挤你。当然在比较潜在的规范中，人们会先尝试拉拢你，说服你“同流合污”，这样行不通才会开始排挤你，或者最简单的就是在背后说你坏话，简称“嚼舌头”。那么这些非强制性的潜在社会规范究竟是如何形成的呢？其实，这种规范化生活来源于群体的生活智慧，比如这样选择的人生可以获得更多社会资源、更加节约社会资源，可以提高社会的能动性和生产力，那么站在集体的角度上，这种规范就慢慢形成了，也作为一种思维一代一代传下去。

随着大数据时代的到来，人们接触到的外界信息越来越多，年轻的一代中国人开始思考自己的人生，在集体主义的基础上开始对自己的生活方式和行为进行深入思考。一开始的思考行为也许有些不成熟和幼稚，但这是绝对必要的。一个没有集体主义的团队是没有前途的，但是一个泯灭个体思想的团队同样是没有发展的。因此，从众的思想形成的团体规范对我们个体来说是有利有弊的，也是影响巨大的，关键在于我们身处何种环境以及如何利用团体规范实现自己的个体目标。

首先我们所处的环境和对象很重要。在我的认知里，很多人把保留个性和表达个性搞混，这造成了许多矛盾和争吵。在我看来，每个人都可以保留自己的个性，我们要学习的只是在适当的环境条件下表达自己的个性，而不是时时刻刻用强制表达的方式来告诉自己或者大家——我很有个性。当我们身处工作团队中时，如果团队已经做出决策和计划，不管你自己的个性是什么样的，不管你对团队的集体计划有什么意见，只要你还想在这个团队中工作，那么你要做的就是藏起你的个性，跟随团队努力实现整体目标。如果你一定要坚持自己的个性，不选择从众行为，那么你最终面临的可能就是主动或者被动离开这个团体了。在选择什么环境表达自己的个性的问题上，我们在下一个小节会重点讨论。我们首先要明白的就是，你有个性跟你表达个性是两个完全不同的事情，这就是在从众社会规范团体中个人选择的策略。

其次，你面对的对象也非常重要。已经有很多研究显示，人们在对待自己更亲近的人时，更没有耐心，也更不受从众心理的影响，相反，由于在平时的社会工作中，很多人已经被从众压力影响得非常过度，导致他们在家庭中会对任何从众压力产生极大的逆反心理。有报告显示，80%以上有家暴行为的男性，在工作中处于被领导的位置，也就是说他们平时在社会压力下，自己的行为和思想无法得到释放和肯定，于是他们在能够有更多主控性的环境中，会对任何要求他们服从的对象产生极大的不满和反抗，有些行为会升级为家庭暴力。这就是我们说的对象。中国有句话——“家不是讲理的地方。”也就是说，我们在表达自己个性、表达自己不愿意从众的想法的时候，就算你逻辑清晰、理由充分，你的家庭也许也不会接受这种说辞。作为一个集体，哪怕是只有三个人的小家庭，从众压力也会逐渐建立起来。比如说你一个人生活，就不会去考虑退路的问题，大不了从头再来；而如果你有妻儿老小，那么你在做任何事的时候都不会去冒太大的风险，这就是来自群体的压力。所以如果你面对的对象是你很亲近的人，是你的朋友和家人，那么你要明白，来自他们的压力可能是你工作中的好几倍，因为面对这样的压力，你无从逃避。工作不顺心、团队不和谐，你可以辞职，但是你无论如何都不可能完全脱离自己的家庭而独立存在。所以当你感受到家庭的压力时，你能做的就是试着站在他们的角度理解他们的观点，并适当地表达自己的观点。

我们说一个很明显的时代例子，“80后”“90后”的中国人是经历了中国从落后到现代化、从贫穷到富裕的整个过程的，而这一代人又没有经历过社会动荡的年代，于是他们的思想带有新旧冲击最明显的特征。这一代人的父母都是中国集体主义教育最成功的一代，他们是中国的伟人，奉献牺牲、服从踏实，所以要求自己的下一代也像他们一样；而“80后”“90后”的中国人对他们父辈的思想有所了解，却没有深刻的体会，因此在年少时期大多有一个非常服从的时光，比如他们在考大学的时候大多不是自己选择的专业，而是由父母决定，并且连现在相亲人数最多的也是“80后”“90后”的这一代人，单身率却仍然非常高，剩男剩女情况明显。这一代人一直处于从众压力之下，当他们步入社会，思想发生了变化，产生了对从众规范的抱怨、对父母的抱怨，有些人不愿意结婚，不愿意生孩子，甚至不愿意好好找一份踏实的工作。这没有对错，每一代人都有自己旗帜鲜明的特征，而“80后”“90后”的人的思想特征就是矛盾。这种矛盾产生在从众压力和自我独立思考之间，他们独立思考的个性好像觉醒了，但是无处安放，于是这代人要么在而立之年忽然有了新的理想，开始努力；要么如父母一样过着服从的生活，很难说哪种选择是对的。我母亲曾告诉我：选择大多数人选择的生活也许不一定是最好的，但那一定是最值得被选择的。小时候我根本不明白她的话是什么意思，后来我渐渐懂得她的意思了，她所谓的不一定是最好的，就是不一定是你最想要、最渴望、最喜欢的，但是这种生活方式一定是在社会规范中最稳妥、最省时省力、最让他们放心的生活方式。

从众思想带给每个人的压力都或多或少地影响着我们每天的日常生活和行为，但我希望大家了解，这种思想的产生并不是为了摧毁你的人生，而是在你还没有足够成熟之前，为你的人生保驾护航，学着去理解压力，而不是抗拒。当你想要去反对一件存在了很久的固有规范时，低头看看自己有没有资本，有没有经验，有没有可以站得住脚的论点。学会和从众压力做朋友，引导压力去指导自己的行为，是一种深度思考的高级成熟，是很多人从未体验过的幸福。

一个创意需要的时间

去年有人采访了一位哈佛大学的教授，问了教授他对中国留学生的印象，教授的回答当时在网上流传广泛，他说，中国学生刻苦努力、聪明踏实，但是他们很少参加学习之外的社团活动，在独立思考方面相对较为薄弱。他的这番话引发了国内网络上的各种热议，很多人开始诟病我们自己的基础教育制度，和我们教育制度下产生的这些“优等生”。

实际上，我们启动素质教育这些年，始终有一个声音来质疑我们的基础教育制度——中国学生缺少创新性。我在美国留学的那些年确实也发现了这个问题，在西方的课堂上，老师经常会问到大家的想法和观点，这个时候很多优秀的中国学生往往很少能提出观点，反而是那些成绩不太好的美国同学总是能侃侃而谈。我当时思考过这个情况，认为可能有以下几种原因：一、我们中国学生的快速思考能力比较差，没办法立刻形成观点；二、中国学生受到语言的限制，在表达自己的想法的时候比较被动；三、中国学生比较谦虚害羞，不善于当众表达自己的观点；四、中国学生没有明确的观点。那么，如果说中国学生缺乏创新性和独立思考的能力，那么就应该是第四个原因。我个人的观点是第四个原因的概率有，但是很低。我们中国学生从小被教育要“三思而后行”，因此我们可能真的不太擅长迅速思考，但是这不代表我们没有创新性。我们失去创新性是从被要求不要过于标新立异开始的，也就是刚上小学的时候。中国人口众多，导致我们缺乏优质的教育资源，所以一个五六十人的班级，老师不可能让所有学生畅所欲言。为了保证教学质量，我们的教育制度肯定要严格很多。很多西方课堂上的自由，是建立在他们的课堂上最多可能就20个人的基础上，另外他们的人均教育资源和我们相比还是优越一些。所以，我们中国学生缺乏创新性和独立思考的能力这件事情，不能一概把锅甩给我们的教育制度。

我们之前讲了从众思想和行为，那么创新无疑就是要打破自己的这种从众思想和行为，给团队和自己的人生引入新的思路和计划，是打开局面的一种做法。对我们大多数人来说，创新的困难并不是思考，而是境遇困难，很多时候不是我们不愿意想，或者不会想，而是我们就算有绝佳的想法，也不敢表达，甚至受到打压。记得我们提过的那个电脑公司的例子吗？设计新的电脑外壳吸引更多的客户，这个想法很好，但是没有人支持，你的创新一样举步维艰。很多年前，我看过一个采访比尔·盖茨的节目，他说他每年大概花一亿美元在世界范围内投资，投资那些创新公司以及新奇的想法和研究。主持人问他成功率高吗，他笑了笑说几乎是不成功的。主持人很诧异地问既然都是失败的投资，为什么还要每年都做，他说道："这些创新都是人类的思想之光，如果每个人都只做能挣钱、能成功的事情，那人类怎么进步。"主持人赞同地点了点头，比尔 盖茨接着说："当然了，一千个投资中如果有一个成功了，那么这一年的投资就都不吃亏了。"

我们之前讲过，人们之所以会发展出从众思考和行为，主要是因为从众行为可以最大限度地节约时间和人力成本，并且从中获得最大的利益。而创新就不同了，就像比尔·盖茨所说的，创新的内容往往是不成功的，失败的概率大了，那么各种成本就都搭进去了，所以大部分人是不会轻易去冒险尝试创新的。然而我们又不能完全否定创新，所以各个国家都有专门拨给创新项目的经费，为的就是保留住人类的这些好奇心和勇气，这也是社会和科技不断发展的主要原因之一。

我们之前提到了从众行为大部分情况下可以保护我们在团体中有较为和谐的环境和良好的发展。那么什么时候我们需要表达自己的个性呢？就是需要我们创新，需要我们打开局面的时候。大家应该都记得《天龙八部》里面，无涯子摆出珍珑棋局等待得意弟子，天下不少青年才俊来应战，可是最后反倒是呆呆笨笨的虚竹破解了这个棋局，用的方法就是杀死自己的一片子，然后给自己更多空间去重新调整战略。这个很小的故事告诉我们在某些已经陷入僵局的情况下，创新性的思想是可以带来突破的。通常情况下我们可以保守，但遇到紧急情况或者进退两难的情况，就需要我们采取创新思想。

说到这里，我们必须提到一点：创意和从众两者实际上是完全不冲突的。我们从众是为了更好地发展，创意、创新同样如此。没有人告诉你，你在行为上服从，就必须在心理上、思想上也服从。我们在学习的时候可以态度谦逊，但是我们的思想从来不该停歇。在需要创意的时候，稍微动动脑子，事情的局面就会大不一样。

前几天有一个学校进行艺术品比赛，有一位同学精心雕琢了一个人头像的泥塑，花了很长的时间塑造人物的面部表情，之后准备带去参赛。可是在早高峰挤地铁的时候，不小心把这个泥塑给挤了一下，原来非常立体形象的五官顿时变成了一个像是被平底锅拍过一样的大饼。这个学生看到泥塑变成这样，并没有沮丧，蹲在那儿看着泥塑思考，然后把原本的名字改成了——《挤地铁》，结果居然获得了创意一等奖。

创意并没有很多人想的那么难、那么玄妙，其实它就是一种另辟蹊径的思路，这些创意存在于生活的点点滴滴中，小了可以帮助人们发现生活中一些有趣的事情，大了可以解决工作和学习中的难题。我们服从社会团体的从众规范，但同时我们的思想也可以不受限制地遨游宇宙，创意是人类好奇心驱使下最能体现我们思考的一种途径。不管你处于怎样的困境，一定不要忘记，你的大脑从未放弃过你，思考带给你的无穷创意足以装饰你原以为平淡的生活和工作。

融入新环境的悲欢离合

从众思想可以给人们内心带来安全感，可以让人们把自己所有的不安藏在群体里，哪怕自己有怨言、有不同意见，也可以让自己在群体里安身立命，这就是从众思想可以带给我们的团体稳定性。我们说过团体规范是我们可以让团体稳固运行的一个非常重要的方法，那么每当人们准备更换新的环境时，就需要去适应新的团体规范，认识新的朋友，掌握新的知识，这种变更大多数时候会引起人们的不安。

我在美国读书的时候，曾经有一个新来的师妹，她跟我一样是中国人，所以我很自然就成了她寻求帮助的最佳人选。从她来之前找房子住宿到她进实验室跟美国同学交朋友，再到系里去办理所有的手续，我都尽可能地提供了帮助。大家都知道，国外所有的大学都有着中国学生自己的圈子，这个让我们熟悉的团体可以最大限度地消减我们“独在异乡为异客”的感受。我也把她带进了我的朋友圈，第一次一起出去玩的时候，她表现得非常自我，点菜吃饭只能点她愿意吃的，刚吃完饭大家还要继续找个地方打保龄球，她就嚷嚷着要回公寓休息，就这样后来我再也没有带她跟我的朋友们一起玩耍过。我当然不是认为她不可以自我，不能做自己喜欢的事情，一定要迁就大家，但是要分情况。她来到新的国家，加入新的团体，目的就是更快地融入，并且获得来自团体的帮助。那这个时候的从众行为可以最大限度地帮助你获得新团体的好感，而过于自我的行为会让那些第一次和你见面的团体成员认为，你是一个跟他们合不来的人。每个人都有选择自己朋友的权利，但是当我们进入新环境的时候，从众是帮助我们迅速地融入并有机会寻找志同道合的伙伴的一条捷径。

在平时的生活和工作中，我经常会碰到一些不太会使用从众思想和行为的人。我们公司的销售部的流动性相对其他部门是要强一些的，原先的销售团队有自己的主管，有自己的规则，甚至连销售部门里面的各个小团体的运行方式和交流方式都有一定的既定规则，也就是他们这个团体是有比较成熟的团体规范的。每当有新的销售人员进来，在新人培训的第一天，培训老师就会告诉他们，在销售部门最重要的并不是竞争拼业绩，而是如何融入这个销售团队，让大家接受你，然后再发挥自己的实力和狼性。虽然说销售本身就是一个竞争性非常强的部门，但是在这样的部门如果你单打独斗，除了成功率会非常低之外，你的工作、生活也会跟着变得痛苦。新的销售人员进入销售部门之后，主管会根据其性格和人品对他们进行分组，销售主管会尽可能地把性格比较合得来的人放到一个组里面，这样才能达到最佳协作效果。可是我们确实出现过在培训期非常优秀的新人被所有销售组拒绝，没有人愿意接收这个新人，最后这个新人只能离职的例子，而且不止一次。

大部分的团队不会轻易淘汰人，但是也不会轻易接收新人。比如，新来的销售人员业务能力突出，但是跟所有人都合不来，在培训期就把所有销售组长得罪了一遍，那么这样的新人实际上缺乏最根本的合作能力以及情商。我以前跟我的学生们讲过，作为一个个体我们当然要有个性，当然要有自己引以为傲的实力，但是这个个性和实力应该如何展示就非常需要技巧了，需要从众行为的掩护。什么人在职场中最终会胜利？从来都不是最聪明的，而是最会把自己伪装成跟大家一样的高手，也就是情商最高的人。如果你觉得自己是个职场小白菜，什么技巧都不懂，但是自己又有野心，那么从众行为就是你最好的初入职场的技巧，这个技巧在你稚嫩的时候可以保护你，在你强大的时候可以帮你获得自己的团体。我们一直强调从众思想和行为实际上和我们的生活并不冲突，甚至是可以帮助我们的，关键在于你自己是如何去思考和理解从众这个行为的。

那么关于融入一个新的团队，究竟应该利用什么技巧才是最省时省力，并且效率最高的呢？职场节奏和社会节奏一样变得越来越快，你离开校门的那一刻就会发现所有人都在拼命地向前跑，没有人想要被淘汰，害怕被淘汰就是一种非常简单的从众心理。你发朋友圈是为了大家的赞，你做的每一件事情都想要被大家认同，这都是从众心理。想要融入一个新的集体，就不要把自己假设成一个与众不同的人，不要把自己包装成一个冷漠无情的人，而是要把自己当作一个和大家一样、没有任何特殊性的普通人。这就是我们所说的心态的问题，为什么很多留学回来的博士、硕士在找工作的时候频频碰壁？实际上他们并不是找不到工作，而是找不到自认为理想的工作。所谓的理想其实是他们对自己的认知，事实上我经常跟我的学生和朋友们说，很少有人可以一下子就找到自己完全满意的工作，轻松又挣钱，还受人尊重，所有这些都需要我们自己慢慢去争取、调整。所以当你要走入一个新的环境的时候，最好把自己当成一个非常普通的人，自己身上的附加值，别人一定会看到的，你要做的就是努力让自己更加靠近自己的理想。

然后呢，要做一个善于微笑、举止得体的人。这是一个外在性的方法，虽然听起来很简单，却是最有效的。美国社会心理学调查显示，微笑得体并且手掌温暖的人面试工作的成功率明显比较高。这很正常，所有人看到你的第一感受就是你的外在感官带来的体验，一个面带微笑、化着得体的妆容、打扮清爽干净的人，一定会给别人留下非常舒服的第一印象。另外就是喜欢微笑的人也会给自己一种心理暗示，让自己更加乐观、开朗。因此，想要融入一个新的环境，不管你有多焦虑，记得微笑，告诉别人也告诉自己，我是一个温暖乐观的人。

做一个强大的人，内心强大和业务能力强大都很重要。加入一个新的团体，一定要让别人感觉到你是一个靠谱的人。怎么靠谱呢？你自己的本职工作一定要处理好，别人需要你的时候至少你要能帮助别人，就算是出现一些错误，也要做一个敢于承认的人。错误不可怕，只要是错误就有改正的可能性。研究显示，一个勇于承担责任的人会给其他人更可靠的印象，也能更快地成为团队里不可或缺的成员。

做一个好的聆听者，我们中国老话经常告诉我们，要做一个少说多听的人，当你加入一个新的环境，先不要急着让所有人了解你、知道你的每一个经历。你要聆听，要慢慢观察和学习，做一个好的聆听者，去聆听别人的经历和故事，这会让你获得很多经验，同时也会给讲述的人一个非常好的被聆听体验。人们总是对那些善于聆听的人给予更多的希望和友谊，这也是你在新环境里寻找新朋友的一种有效方式。不管你是不是个“话痨”，在新环境里请你一定要记住，先打开你的耳朵去接收有用的信息，利用这些信息让自己进入新的环境，有些话不需要你说，慢慢来，所有人都会知道你究竟有多优秀。

融入一个新的环境，要学会不计较地从众，这并不是让你没有底线地妥协，而是让你快速地融入集体。只有当你融入新环境，你才有机会和精力去寻找那些和你志同道合的人，才有能力去寻找自己想要做的工作、想要了解的对象。我们融入一个新环境要从众的重要标准就是——慢慢来，不要心急。从众有时候真的只是一个保护壳，真正有野心的人，从来不会一开始就把梦想宣之于口，好好地藏起你的不同和个性，在团体中站稳脚跟，当有了足够的实力的时候，无须喧哗，你自会绽放。

换位思考让从众不再尴尬

“人云亦云”之所以让有些人不舒服，归根结底是因为有时候个人的思考方式和群体思考方式产生了分歧或者冲突。另外，从众思考有一个非常鲜明的特点，那就是团体越小，个体和团体越容易产生意见和分歧。打个最简单的比方，基本上三口之家更容易产生个性与群体的冲突，理由也很容易理解，小团体中的团体规范力量跟个体力量相差不远，所以很多个体会倾向于表达自己的观点，而不是简单地服从。

在一个团体中，实际上从众是大多数人的选择，因此才形成了——众。而越大的团体，对个体的容异率就越高，或者说个体的思考对团体的影响会越小。当然这跟个体在团体中的地位也有关系，决策层的个体思考肯定要比普通员工对团体的影响大很多。上一节我们讲到了作为一个个体，如何采用从众思想融入一个新的集体，那么这一节我们来谈谈作为团体中的一员，如何帮助别人融入，或者说如何帮助那些格格不入的有才华的个体加入到你的集体中去，也就是一个换位思考的同化过程。

在我刚到美国留学的时候，由于文化背景不同，课堂上老师讲的笑话我是听不懂的。即便是语言上没有太大的障碍，可是在文化理解上我深感无力，尤其是涉及一些有宗教色彩的幽默，我听到的时候可以说一脸茫然。可是为了不让自己显得太突兀，或者说太傻，我不想让周围的美国同学觉得我没有听懂，所以每次当老师讲笑话之后，大家笑，我就跟着笑；大家鼓掌，我就跟着鼓掌。我知道这听起来很㞞，但这是我让自己显得不那么另类的一种方法。作为一个普通的年轻中国留学生，我对融入新的环境有着正常的紧张和敏感，所以我大多数时候都会选择跟大家一样的做法。直到有一天有一个金发碧眼的美国女生坐在我身边，跟以往一样，老师开场的时候喜欢讲一两个笑话带入今天的话题讲座，大家仍然笑了起来，我也是。不同的是，我身边的美国女生看着我微笑着解释道："这是一个宗教背景的笑话，是关于……"她的声音非常小，只有我们两个可以听到，她面带微笑地解释着，直到我理解了之后，她才问我："你想不想多了解一下我们的文化？中午一起吃饭啊，我给你讲讲，我们美国人的幽默感特别傻。"作为一个新来的留学生，我真的非常感谢她的这个温暖举动，后来她中午真的约我吃饭，不但给我讲了很多美国幽默的文化，还专门问我一些关于中国文化的故事，让我讲中国笑话给她听。一来二去，我的文化陌生感很快消除了，我和她也成了很好的朋友，很快我上课能听懂老师说的大部分笑话了，就算没听懂，我也有勇气问我身边的美国同学，让他们给我解释一下这个笑话的含义。这种无畏才代表我真正融入了这个集体。

我们每个人都喜欢高情商的人，原因就是和这些人在一起会让我们感觉非常舒服，实际上这种舒服就来源于这些高情商的人对我们的理解和感同身受。如果想让从众思想脱掉压抑天性的外衣，让人们更容易接受从众思想在大多数情况下是有益处的，那么在群体中已经接受团体规范的个体就有很重要的任务了。从众的众说白了还是人，人的社会性建立的联系归根到底还是跟人的联系，我们想要获得的肯定不是什么计算机的认同、账本的认同，我们想要获得的是来自团体中其他人的认同。那么从众思想怎么能不尴尬呢？换位思考就非常重要。在我自己的例子中，那位漂亮的美国同学后来告诉我她曾经到台湾地区交流过一年，当时她跟我的感受一样，不但饮食习惯不同，文化完全不一样，她时常感到自己被排除在团体外面，觉得不被大家接受，因此她能够体会我的心情。她看着我，就像看着当年在台湾地区的她。换位思考可以让你对其他人感同身受，也能让你更理解他人的感受，对那些刚刚加入团体的新人，或者是本身个性很强的人来说，如果你能理解他们，并对他们提供必要的帮助，他们就不会对团体感到特别紧张或者抗拒。我们需要明确的一点是，不管多么有个性的人，如果没有团体的认同，那么这种个性就完全没有意义。心理学上认为90%表现个性的人是为了吸引别人的注意，获得认同；剩下一部分表现个性的人纯粹对群体和社会联系没有热情，也就是说有一部分人单纯喜欢一个人待着，不愿意附和任何人。你当然可以选择后者，前提是你在离开社会群体的情况下，同样可以生存，那就没问题了。我们在这里讨论普遍现象，对特殊个体我们不做评价。

想让从众行为和思想不再尴尬，不再让人手足无措。掌握着团体规范的人就要学会换位思考，避免理所当然的想法，避免倚老卖老。每一个想要融入群体的人都是小心翼翼的，但是我们都明白真正在一个集体中如鱼得水的人一定是很放得开的，只有把团体当成自己的归属地，这个个体才能为团体发挥自己的最大力量，也能为团体争取到最大的利益。

换位思考的关键在于，首先理解自己的基本立场，不管是否是团体规范的制定者，都必须有一个基本立场。你在团体中对待新人的态度必须带有明确的目的性，你是为了让新人更快地融入集体，为集体创造价值；还是为了给新人一个下马威，让他们在你面前不要造次；或者是为了满足你当时在适应群体的时候受委屈的补偿心态。很明显，我们的目的，也就是最正确的目的应该是第一种，当你摆正立场，你就更容易理解新来的个体的某些行为了，这个时候，你和他们的交流就会更加顺畅，你对他们也会有更多的耐心。

其次，对某些不愿意从众的个体，要搞清楚他们不愿意服从的原因。比如有的员工认为考勤制度没有必要，那么你在淘汰他之前要明白，他这么说是因为自己家住得太远，还是晚上加班太晚？每个人的思考都是有逻辑性的，每个人的行为都是有理由的，如果你希望别人遵守团体规范，那么就必须理解个体诉求的由来。大部分情况下，团体规范是可以包含大部分的个体诉求的，当然无理取闹的人除外。

最后，和想要融入的人一样，要做一个好的倾听者和陪伴者。生活节奏的加速，让很多人变得越来越自私，越来越以自我为中心。实际上心理学上认为聚光灯效应一开始会让个体的虚荣心得到满足，可久而久之个体的内心孤独感和疲劳感会加倍而来。因此，当面对新来的个体想要融入的时候，可以让自己去倾听，而不是去责怪，一来可能会收获新的友谊，二来也可以让自己的内心包容性更强。每个人在职场上都是有追求的，也就是有目标的，那就永远不要忽略集体的力量，不要忽略团体规范可以带给你的从众力量。

记得我讲的那个故事吗？做一个高情商的人，一个会用情商去思考社会关系的人，这种思考模式可以让人觉得你更温暖，也会让你更加强大。

第十章
不否定的世界

这个世界上，从来没有绝对的黑与白，没有绝对的是与不是。有哲学家曾经说过：“人们都以自己的判断来建立自己的世界观，因此这个世界从来都没有是非对错。”

否定一个人最快的方法

2017年，在美国有这样一条新闻：犹他大学有一位来自中国的攻读博士学位的女生从金门大桥上跳了下去，结束了自己年轻的生命。这则新闻在国内并没有引起很大的关注，但仍然引起了在美留学生的讨论。这场悲剧中的对错，我们无从知道，但是什么原因让一位已经在美国拿着全额奖学金、未来已经基本有保障的年轻人选择放弃自己的生命？这值得我们思考。当时网络上有消息称，女生跳桥主要是因为导师拖延毕业时间，一直给她繁重的工作，她看不到希望，承受不了这么大的压力，于是选择结束自己的人生。

很多人把人生的悲剧归咎于压力太大，生命中不可承受的事情太多。实际上我们的大脑远比我们想象的要刚强，要否定一个人从来不是简单地说他做错了，而是夺走这个人的希望，让这个人无论怎么想都发现没有出路、没有盼头。这样的否定，不是否定一个人的思想或者决策，而是否定这个人存在的价值和意义。

开头我们提到的那件事情中，我们无从知道这个女生面临的是怎样的绝境，只能想象当她纵身一跃赴死的时候，心情该是多么绝望，或许还带着解脱。

我们在前面的章节已经反复提到了大脑思考的规律和深度思考带给我们的人生福利。那么在面对这个世界的恶意的时候，我们究竟该如何告诉自己，希望还是有的？如何让自己努力推开一切负面情绪奋勇向前？实际上这也不难，只要让你的大脑知道你在这个世界上仍然有羁绊，仍然有牵挂，那大脑就不会轻易地发出结束自己生命的指令。

人是社会性动物，我们的大脑从出生开始接收到的信号就是来自外界的。我们第一个模仿的对象是我们的父母，长大了之后开始拥有朋友、老师、同学，再后来拥有了同事、配偶和自己的子女，这些社会关系不仅仅是简单的人际交往，更重要的是他们是你在这个社会里存在的重要证明，是你社会属性的体现。我在上课的时候曾经问学生这样一个问题：你觉得你是谁？除了名字之外，你如何给自己下定义？究竟是什么使你跟其他人不一样呢？有些学生说到了外表特征，有些学生说到了性格，但这些属性都可以找到跟你相同的人，人口数量足够大的时候，理论上跟你一模一样长相的人都是有可能出现的。正在读这篇文字的你也可以想想看，是什么让你是你？是你的社会关系，是你存在于大脑中的记忆。除了你之外，没人拥有它们，只有你拥有这些记忆，只有你拥有这些社会属性和关系，这就是你的大脑去判断自己是谁的一个最简单的逻辑。

那么回到我们的主题上来，从思维的角度来看，否定是确实存在的，比如人们会自我否定，也会被他人否定。否定一个人最快的方法就是切断这个人跟社会的关系，或者让这个人认为自己的存在对他的社会关系毫无价值，这种否定长期持续下去可以让这个人对自己产生质疑，导致他的大脑产生自我厌弃的思维，最终可能就会发生悲剧，也就是说否定一个人的希望，是让他的大脑自我否定。那么自我否定是不是完全没有好处呢？实际不然，我们在心理学上认为，社交恐惧症可以开始于自我否定，也可以终结于自我否定。很多时候我们的大脑是很客观地在接收事实情况的，但是选择如何整理和分析这些信息就变得主观了。先来了解一下自我否定的心理学特征：

第一，认为自己很多方面都不好。

第二，认为自己的挫折都是不公平造成的，不认为是自己的问题。

第三，有脱离现实的倾向，不了解现状，不能把握平常心去纾解生活中的压力。

这三个特点基本上可以构成自我否定的心态。在大脑进行“否定”的时候，它可不是简单否定一件事情，而会否定你所有的出路和思想。拿社交恐惧症来说，很多人是不愿意直面自己有社交恐惧症这件事情的，就像很多家长认为自己孩子成绩不好并不是因为学习方法和能力有问题，而是孩子不努力造成的。这种主观否定会让人觉得生活中的不公平更多，希望更少，不利于建立良好的社交关系，也不利于人的大脑进行有正向逻辑的思考。

否定自己的人们通常会在第一时间打退堂鼓，这与他们曾经的失败和被否定有很大关系，当孩子第一次上学或是第一次在公开场合说话时，如果遭到了欺负或者嘲笑，那么这个孩子很大程度上会否定自己在这方面的全部能力，以此来保护自己脆弱的自尊心。顺带一提，自尊心本身也是你的思想之一。但是这种自我否定仍然是有条件的，比如被嘲笑之后的孩子通常会选择求助，那么让孩子提出帮助的人的态度就在孩子心里起到了决定性的作用。

自我否定可以让人发现自己的不足，并朝着更明确的目标努力，也可以让人变得消极堕落，逃避这些不足。这就是我们说的自我否定可以成就也可以毁掉一个人的社交恐惧症，甚至是全部社交关系。在接触心理学案例的时候，我们经常发现悲剧发生之后，有些亲友会遗憾并且自责地说：如果我当初多听一下，多陪他一会儿，多跟他说几句话，多鼓励他几句，这种事情就不会发生了。这种遗憾来源于我们无法轻易地察觉一个已经彻底失去希望的人究竟是带着什么情绪在跟我们对话，也来源于我们内心深处的自私本性。我们在咨询的最后，通常会告诉人们，其实我们的大脑很刚强，也很脆弱，但最重要的是我们的大脑和思维方式很容易受到外界的影响，社会羁绊越深的人，越不容易产生自我否定的消极情绪，哪怕是今天仍然累到虚脱，可是一个人只要有目的，有要保护的人，这个人就一定不会轻易地放弃自己，不会轻易地否定自己的价值，这就是存在感。

深度思考，教会我们的不仅仅是让我们从更深刻的层面思考自己的人生，思考自己面临的问题，同时也教会我们如何与他人相处，如何让自己的社会价值更深刻地体现出来。否定一个人的存在感、一个人的希望、一个人的价值，就是让这个人彻底地自我否定，实际上能打倒我们的人，始终是我们自己。学会和自己做朋友，学会跟自己的大脑做朋友，学会去看看你的思维深处那些藏在你记忆里的信息，学会去读懂大脑释放给你的思维信号，你就会发现，你的大脑从未轻易否定过你，它只有在你否定自己的时候，才真的束手无策、无计可施。

接受平庸不等于否定自我

电影《立春》里面的故事一直给我很深的感触，女主角王彩玲是一位女高音声乐老师，生活在一个小县城里面，觉得自己的才华可以让自己唱到巴黎歌剧院，可实际上她只是一个长相平庸甚至有些难看的音乐老师。她形容自己的才华就像是六指一样多余，她虚荣、撒谎都是为了让身边的人觉得她和他们不一样，她是出众的、是有才华的。然而生活就像是跟她开玩笑一样，到了最后她一事无成，积蓄也被人骗去，于是她接受了自己的人生，领养了一个女孩子，起名叫——王小凡，平凡的凡。与其说她向命运低头了，不如说她和命运和解了，她终于接受了自己的平庸，开始努力脚踏实地地生活，于是生活渐渐出现了曙光。天安门广场的五星红旗和太阳一样每天都会升起，就像你的生活一样每天都在继续。接受了自己的平凡，才能和自己的生活和解，才会发现自己生活中那些被你忽略的平凡的美丽。

我们在成长过程中都会经历这样一个过程：认为自己与众

不同，随着年龄的增长，我们会发现自己真的没有什么不同，甚至平凡得有些让自己无法接受。我在美国上课的时候，经常说一句话：“如果你发现自己没什么特别的，那很好啊，平庸从来不是什么罪过，不接受平庸才是一个人不自知的愚蠢。”当然这话说得有些重，实际上我们经常会把接受自己的平庸搞得很极端。比方说有人觉得自己很平庸，于是放弃努力，这就是极端，接受平庸不等于自我否定，而是让自己更清楚自己应该做出什么样的努力。举个例子，你想要学小提琴，可是你发现自己真的没有天分，手指头也不够长，那么这时候接受自己的平凡不等于要你放弃小提琴，学不成大师，难道不能学个一技之长？不能在众人面前表演，难道不能用来舒缓自己的情绪吗？当你发现自己没有天分的时候，你就应该比那些有天分的人更加努力，不是为了攀比，而是为了让自己做到自己想做的事情。随随便便就否定自己，根本不是接受自己的平庸，而是给自己找了一个放弃的借口。命运从来不会眷顾一个自我放弃的人，也不会随便放弃任何一个还在努力生活的人。接受自己的平庸，是为了给自己一个脚踏实地努力的动力，而不是甩手不干自暴自弃。

自我否定的正向影响是让人们能发现自己做的事情或者选择是不适合自己的，让人们找到更正确的方向，而不是躺下。“80后”“90后”的很多人都看过一部风靡亚洲的动漫——《火影忍者》，里面有一个以中国功夫巨星李小龙为原型的角色——李洛克，这个黑眉毛、总穿紧身衣的家伙，在忍者世界里面没有任何天赋，也不是来自什么知名的忍者家族，没有厉害到爆炸的血继界限，他所拥有的好像就是一腔热情，是一个完全没有才华的人，可很多人喜欢这个角色，因为他那句——“我是努力的天才。”这个角色像极了我们中的大多数人，我们不是富二代，也不是天才，我们就是一个普普通通的人，可是我们可以努力，仍然有梦想、有目标、有想要守护的人。当小李被打得鼻青脸肿再一次站起来的时候，很多人被感动了。为什么？因为这太像我们自己了，我们无数次地发现自己拼命努力，不如别人随便搞搞，可是我们依旧不肯放弃自己的目标和梦想，不愿意否定自己——你可以否定我的才华，但是没有人可以否定我的努力、夺走我的梦想。我是一个平庸的人，但谁说平庸的人不能拥有梦想、不能获得成功呢？

我们主要还是要从思维方式去理解这个问题，而不是单纯觉得这是励志“鸡汤”。我们所说的思维影响行为，那么心理暗示对人的思想影响不可谓不大。通常情况下，每个人的思维方式都倾向于个性化和从众，从众我们在前面已经说过了，那么个性化是一个人成为自我的基础，也就是自我思维基础。在这种主导思维下，每个人都会认为自己是与众不同的，过于执着于个性的人，反倒会对那些证明自己很普通的信息产生强烈的排斥，也就是说心理暗示让你的大脑不去接收这类型的信息，这样就会导致你的大脑认为你主观只愿意接收“自己是特别的”这种思想。大脑所做的一切都是为了让你高兴，让你好好地活下去，于是你会出现一些行为，比方说叛逆、不听从、刻意张扬个性等。这么做让你更有满足感，但这种满足感和安全感大多数情况下是相悖的。于是我们才会有这样的论点，让你的思维接受自己的平庸，也就等于承认了自己的某部分社会属性，这并不代表你就要摒弃你的个性，这是你寻找平衡的一个重要思维方式。

做一个简单的心理测试，看看你的自我否定和自我肯定程度。

你独自在森林中徒步，看到前方有一座小木屋，里面幽幽地亮着灯，你会：

一、走进去；

二、在外面打量一下看看有没有人；

三、担心有危险选择离开。

你继续往前走，听到有狼的叫声，你会：

一、寻找身边可以防身的武器；

二、转身往反向跑；

三、不管它，自顾自地往前走。

往前走到一片开阔的水域，你很口渴，可是水的上游很干净，你在的地方有些混浊，你会：

一、不管脏不脏，先喝了再说；

二、再忍忍，马上就走出森林了；

三、沿着河走到上游去，哪怕越走越远。

快到森林出口的时候，一个受伤的老妇人向你求助，你会：

一、扶起老妇人，送她回家；

二、留下食物，让她等家人来找；

三、不管她，走出森林。

以上这些题目，选一得1分，选二得2分，选三得3分，那么看看你能得多少分呢?

4—6分：你是一个非常自信的人，倾向于自我肯定，你相信自己在任何情况下都能够应付面对的困难和问题。你并不是很注重个人的安全，因此有时候会比较冒险，但你强大的信念经常会影响你身边的人。自我肯定是很好的正面态度，但有时候审时度势地思考问题可以帮助你避免一些不必要的损失和伤害。

6—9分：基本上你是一个偶尔会自我否定，但是很客观的人，对自己熟悉的事情你非常自信，但对新的环境，你会时常感到局促。你不太喜欢独自一人，喜欢有朋友在身边，有时候会偷懒，但心中还是有明确目标的。实际上，中庸是一个很好的态度，面对生活，做有把握的事情，但是有时候这样会失去一些激情。多和那些自信满满的人做朋友，你也能被他们感染，也许会收获自己想象不到的美好。

9—12分：你是一个小心翼翼的人，与其说你善于自我否定，不如说你善于明哲保身。对很多问题，你会思考很多遍，很少去尝试新鲜事物，也不喜欢改变。这样的态度让你对自己的人生目标很保守，但这样的生活可以最大限度地给你安全感。这样的生活方式当然无可厚非，小心驶得万年船，但是不要用这样的借口去拒绝挑战、拒绝进步，否则有一天你会发现自己被所有人扔在了后面哦。

自我否定没有不好，平庸也没有不好，不好的只有你偏颇的思考方式。如果我们掌握了思考的奥义，那么不管自己遇到怎样的局面或者怎样的否定，也能拍拍胸口告诉自己：一切都会好起来的。

世界丰富多彩，干吗总盯着山顶

人类文明之所以蓬勃发展，跟人类的思维息息相关。我们的文明就像一栋大楼，而人类从小木屋开始，逐步建造出一个又一个摩天大楼。在造就文明的过程中，我们也养成了另一种文化——成功学。很多人开始打心底里认为，只有成功者，只有最后站在山顶的人才有话语权，才是值得的，这种观念也影响了一代又一代人。在我们中国社会，从古代的“高中状元，衣锦还乡”到现代的“功成名就，名利双收”，这个社会要求我们不断地前进、奔跑，能不输在起跑线上就不输在起跑线上，输在起跑线上更要在后面比所有人都努力地奔跑。总而言之，每个人都只看结果，只看最后是谁赢谁输。这种成功论当然可以最大限度地激发大家所谓的“狼性”，但也是我们生活中压力的主要来源之一。

进入2010年以后，我国人民的生活水平已经有了显著的提高，物质生活日渐丰富的我们，慢慢向着文化丰富的方向努力。

许多人在追求成功的同时，开始思考如何过一个有意义的人生。于是有一种思想开始慢慢蔓延——在跑向终点的时候，不要错过沿途的风景。许多人听过这句话，包括那句著名的“生活不只有眼前的苟且，还有诗和远方”，听到这些话语，我们心中都会泛起阵阵涟漪，然而很少有人能够身体力行地做到说走就走这般洒脱。原因我们之前讲过，思想走向远方也是可以的，但是我们如何能在日常烦琐的生活和工作中发现那些让我们得以平静的美好呢？同样，我们需要一个不否定的主体思想。

曾经有一位教育学教授给我们做过一个讲座，有一句话我至今印象深刻：“在我们现代社会中，竞争无处不在，然而有些竞争并不是要我们学会如何赢，而是要我们学会如何输。”一个人面对输赢的态度、处理失败的方法，可以反映这个人的整体心态和思想特征。我们所谓的面对输了竞争的态度，当然不仅仅是平时常规的总结教训、再接再厉那么简单，这是我们被教导的常规做法。我们在这里说的是一种更深层次的思考，比如在比赛的过程中，拼尽全力的那种满足感、最后没有赢得比赛的遗憾、和其他人并肩奔跑的激情，这些都是我们可以用来回忆和激励自己的片段和美好。不要因为输了而否定自己的努力，这是最重要的。你可以否定自己的训练方法、努力方向，甚至一开始订下的计划，但是不要否定自己的努力和汗水，这就是我们所谓的不否定自己，去看山顶之外的风景。

不否定自己的努力，就能让自己在前进的道路上更加轻松；不否定自己的过去，就能让自己更加坦荡，更加有勇气去面对未来的挑战和挫折。之前讨论过一个问题，我们说你所经历的一切组成了你这个人，这些记忆和过去就是你的独一无二。很多人在取得成绩之后，对那些自己曾经不是很辉煌的过去总是抱有一种比较回避甚至恐惧的态度，有些人觉得那些往事不堪回首，有些人觉得自己的出身来历有些丢人，有些人甚至觉得自己曾经的卑微简直不能容忍。实际上我们否定过去，就是否定了自己，也否定了自己的努力。每个人都可能犯错，都可能走弯路。我本人毕业于一所国内普普通通的二本院校，经过我自己的努力，一步一步拿到美国的全额奖学金攻读博士学位，别人问我的第一学历时，我从来没有过遮遮掩掩，相反我感到很自豪。高中时期的不努力导致高考成绩不够理想，但是这并不能说是我的污点，只能说是我青春年少时走过的弯路，而我同样通过努力做到了和一些一本院校的学生一样的成绩，说明了我自己的努力方向是正确的，努力也是足够的，甚至比很多人要多很多。当然，有些人可能认为自己的某些过去不堪回首，是因为自己受了太多委屈、做了太多违心的事情等，实际上我们的文化中有一种习惯，当你得到了一定的成绩，走到了一定的高度，人们甚至会把你那些卑微的过往自动变换成褒义的努力过程去激励别人。这种方法是一种群体行为，目的是激励更多正在努力的年轻人，不要害怕努力，不要否定自己，告诉他们山顶就在不远处。

实际上人生有许多方向，不一定非要攀登山峰，湖有湖的平静，海有海的宽广，山有山的巍峨，谷有谷的深邃。人们最大的爱好是跟随大多数人的脚步去追求梦想，用大多数人的成功去衡量成功。然而我们作为一个个体，既然有自己的思考，为什么不能用自己的方法去丈量自己的人生呢？没错，从众可以带给我们社会属性和安全感，但保留自己的那份个性会让你的人生丰富多彩、与众不同。我们所谓的不否定的思想，就是不否定自己那部分也许跟社会格格不入的个性，你可以隐藏它，但是不要轻易地否定它。当然我们指的绝对不是那些反人类、反社会的极端思想，而是让你有别于大众的创新思想，“另辟蹊径”——就是我们中国人最早的对这种思想的解读了。

既然不要否定自己的努力和过去，那么是什么让我们否定自己呢？我们提到了压力来自社会群体的集体思想，那么让我们否定自己的思想动机同样来自我们的社会。心理学调查显示，不管你做出怎么样的决定，总会有5%左右的社会关系批判你的观点，所谓十全十美的做法是不存在的，就像一个人不可能讨好所有人，让所有人喜欢他一样。在尊重社会属性的前提下，不要因为那些批判和否定的声音而否定你自己，能否定自己的只有你自己，当然能够影响你否定自己的因素就多了。我们的社会对女性的要求总是比较高，这个问题在现在尤为突出，一位传统意义上优秀的女性，要有优秀的事业、和谐的家庭，要孝顺父母公婆，照顾丈夫孩子，还要有自己的兴趣、爱好和交际圈。这些评判标准就来自社会，大众的标准是在变化的，而这些标准就是加在我们身上的评价，这些标准会让我们去评判自己是不是一个优秀的女性。而这些标准事实上并不适用于所有情况、所有人。中国有句话叫：“站着说话不腰疼。”指的就是人们在评价其他人的时候，总会用最高标准；而要求自己的时候，则会使用最低标准。这就使得很多人会因为集体标准来否定自己，比如女生总是会被教导一定要以家庭为重，那么就有很多女性到了适婚年龄就把重心放在家庭上，而忽略了自己的事业和天分。想想看，我们在读研究生的时候，男生和女生的比例基本上是1：1，然而在大部分的学校中，男性教授的比例远远高于女性，这是为什么？我们的女性科学家去了哪里？统计学显示，超过80%的女性在硕士毕业之后会将重心转移到家庭上，而并非科研，在科研上的时间投入也远少于男性科学家。当然我们并不是在鼓励女性放弃家庭，重视事业。我们想表达的是，不要因为社会标准过度调整自己的人生轨迹，比如说你本身是一位非常有天分和前途的女性科学家，那么也许你可以考虑把家庭和事业的时间重新分配，也许能做出更大的贡献或者获得更大的人生成就感和满足感。

人生只有一次，从来没有一条所谓绝对正确的道路，也从来不只有一条路通向山顶，不要轻易否定自己的思想，不要轻易抹杀自己的价值，做一个洒脱的人，就是在相对严格的团体规则下保有自己的个性，让自己去看自己想看的山、想看的水，不管自己是否能够登上众人口中的顶峰，也都不要白白来这美丽的世界走一遭。

1+1=2，人类的好奇心从未被否定

从人类第一次在打雷中取下天火，到人类第一次在宇宙中建立太空站，我们的眼界变得更宽广，探索的范围也越来越大，人们对科技的追求和进步，无时无刻不在帮助我们认识我们存在的世界。有人开玩笑说，懒惰是人类进步的阶梯，这话从某种程度上来说是有道理的，但如果说是什么推动我们前进，是什么推动我们建立现代高科技社会，那么人类的好奇心绝对功不可没。历史上任何一个发达的文明，任何一个拥有悠久历史的国度一定有过一个开明的海纳百川的时代——在那样一个时代，人类的好奇心被最大限度地满足，人类的好奇心被鼓励、被歌颂、被支持，于是才有了那么多探索。尽管失败者远远多于成功者，但只要人类还有好奇心，那么我们的脚步就永远不会停下来。

人类的好奇心是我们思想里最为有趣的一种欲望，没有之一。事实上自然界的动物都具备好奇心，只不过只有人类将好奇心发挥到了极致，甚至将好奇心当作一种天赋和技能发展。也许

人类之所以现在能够站在地球生物链的顶端，就是因为我们有着无比强大的好奇心。好奇心是一种对待事物的看法，一种渴望求解、渴望探索的思想，它是我们深度思考的一个部分，换句话说，我们所谓的深度思考实际上就是一种对思考的好奇心，想要明白这是怎么回事儿，想要找到事物之间最本质的联系，这都是好奇心，这也都是思考的一部分。如果说行为是深度思考下的指导，那么好奇心就是打开深度思考的一把钥匙，促使我们拥有思考的能力。

一个发展中的社会、健康的社会从来不会否定人们的好奇心。纵观人类历史，我们可以发现但凡在一个某种思想压迫并且禁止人们好奇思考的时代，人类的文明就会走偏、停滞不前甚至倒退。欧洲黑暗的中世纪，人们把具有好奇心的知识女性当作巫婆烧死，历史上第一位女性数学家就是被狂热的宗教暴徒活活折磨死的，而这段时期，欧洲的文学、艺术、科学虽然不是没有丝毫进步，但进步极其缓慢，有些地区还出现了倒退。直到14世纪文艺复兴，欧洲人才重新找回好奇心，找到发展的方向。历史上，我们中国思想进步最快的时候是春秋战国时期，百花齐放，百家争鸣，很多新思想、新技术都在人们的好奇心的驱使下出现。然而看看我们闭关锁国的时候，不再对外面的世界具有好奇心，闭门造车，导致最后不得不经历将近一个世纪的落后时期，直到现在我们都在说“复兴”。大家知道吗？在盛唐时期，我国也是给周围国家提供留学奖学金的国家，那个时期虽然仅仅维持了不足百年，可足以代表我整个中华文明最骄傲的时代。而一旦我们失去了好奇心，想要复兴，我们就要花上几倍的时间、几代人的贡献。

我们从小接触的课文中，已经有很多故事都告诉我们好奇心是多么重要了，从阿基米德到陈景润，到杨振宁，所有具有时代符号的这些伟人无一例外具有好奇心，并且具有能够将好奇心实现的能力与教育背景知识，这样的人做出的努力和贡献就可以推动一个文明和一个社会的发展。那么我们作为普通人，当然也需要好奇心，我们的好奇心也许不能推动一个社会的发展，但至少可以让我们在工作、学习和生活中充满激情，因为好奇心是让我们保留对生活激情的最基本的思想。

我们常说，小孩子都是有好奇心的，因为小孩子的世界观并没有完全建立起来，他们对周围的一切都具有好奇心，包括大人的行为和社会规范。那么我们成年人呢？作为已经接受社会规范，并且有了成长背景的成年人，我们的好奇心又在哪里呢？在工作中，我们是否听到过上司说“不要问为什么，我让你怎么做，你就怎么做”？这种做法本身的确是扼杀一个人好奇心的方式，毕竟现代社会讲究的是效率，每个人都急功近利，希望用最小的努力换取最大的收获，而很少有人去思考为什么要这么做，这就是许多年轻人每天疲于奔命却不知道自己为什么要做这份工作的原因。如果你问他工作的意义，那么就是发工资，让他可以生存下去。当然生存下去是没错，可是如果一个人没有了好奇心，那距离咸鱼也不是很远了，工作中的节奏确实快，有时候容不得你去思考、提问、好奇。然而，你自己还是要保留一份好奇心，这样你的生活就会慢慢有色彩，也会慢慢充满希望。

我在攻读博士学位期间，经常发现一些同学读得非常痛苦，理工科的博士学位是需要大量的实验和数据分析的，这些东西非常枯燥，也非常耗时间，如果没有基本的兴趣和好奇心，那么如果你每天早上八点到晚上十二点都在做这件事情，只会让你非常崩溃和痛苦。尤其是我们发现兴趣很容易引发人们的思考，如果完全没有兴趣，那就是机械执行，对科研类的工作来说，这是致命的缺点。要想让自己对自己的工作感兴趣，就要充分利用好好奇心。客户交给我一个设计任务，我做了他们不满意，改了又改，改了又改，最后还是改好了，那么仔细想想看这种客户喜欢的风格有没有代表性？是不是这类型的客户都需要这样的设计方式？还是这个客户受到了现在某种流行元素的影响才会对设计有非常精确的要求？这种思考就来源于好奇心，而这种好奇心又可以帮助你在下次遇到同样的客户时，更有效率地做出令他们满意的作品。对读研究生和博士生的同学来说，对自己的课题抱有基本的好奇心更是重要，没有好奇心的人，同样不会有创造力。如果你正在读这些高学位，而又很痛苦很乏味，那么不妨问问自己：你的好奇心还在吗？你的激情还在吗？思考一下，自己想要的究竟是什么？不要机械地前进，要让好奇心带着你飞起来。

心理学上把人格分成五大类（OCEAN），而根据这五大基本人格，又有人将职业性格分成了五大类：进取型、外向型、尽责型、宜人型和情绪型。这五类人格，顾名思义，很容易理解。外向型的人通常具有最高的好奇心，这些人更乐观，更喜欢群体生活，社交能力更强，对事物变化的敏感度更高，也更愿意学习新的知识，接触新的事物。这类型的人擅长接受挑战，也更适合带领一个团队。但是，这并不意味着你一定要逼着自己成为外向的人，而是你必须拥有属于自己的好奇心，那就像是你思想中的一片绿洲，上面有你哪怕最不切实际的幻想，哪怕你只有一个很小的梦，但是不管那个梦多么小，这片绿洲都可以帮你保留对生活的那份希望和激情，也能够让你在失望无助的时候得到安慰。人类从未否认过自己的好奇心，哪怕再危险，哪怕再多挑战，也无法阻挡人类探索的热情，这就是我们人类这一渺小的宇宙种族之所以伟大的最重要的原因吧。

深度思考探索的是人性

从第一章到现在，我们探讨了各种各样深度思考的方法和应用场景，大家有没有思考过，我们探索的究竟是一种思维方法、一种人生心态，还是一种心理作用？实际上我更愿意认为深度思考探索的是人性。所谓人性，就是一种只有人才有的特性，这种特性也许没有那么善良，没有那么伟大，没有那么美好，没有那么完美，可是也正因为如此，人性才能被称之为人性。水至清则无鱼，想象一下，如果每个人都变得无欲无求，像一汪清水一样，那么这个社会是不是也就变得乏味，甚至可能不会再有任何进步可言？因此，在我们思考的过程中，不要惧怕自己的自私和卑鄙，因为这都是人性的一部分。深度思考，要的不是那种形而上学、装模作样或者冠冕堂皇的思考，我们需要的，是可以直击灵魂、直面自我、毫不掩饰的思考，因为只有这样，才能让你活得明白，才能让你活得哪怕辛苦也没有负担。

在我们这个没有绝对否定的世界里，诚如东野圭吾所说，世界上不能直视的两样东西，一样是太阳，另一样就是人心。所谓人心实际上指代的就是我们所谓的人性，之所以不能直视，是因为哪怕外表再乖巧善良、光鲜体面的人，内心可能都藏着阴暗与肮脏，这并不是什么不正常的事，而是人性的本质。只有看透了你人性中的黑暗和污浊，你才能够明白阳光和善良究竟有多美好。电影《肖申克的救赎》中，男主人公最后逃出监狱是通过自己挖的一条暗道，而这条暗道要通过一段污秽的下水管道，男主人公就这样一步一步在泥泞和令人作呕的阴暗中爬了出去。外面下着瓢泼大雨，爬出下水管道的男主角迎着黑夜和雨水的洗礼，把自己冲得干干净净。这个部分的安排实际上暗喻了男主角对人性的感悟，通过肮脏抵达真正的自由与纯净，天降大雨好像是老天爷为他十年来所受的委屈的一种洗礼，让他在其中涅槃，而这样的人，他的内心一定是阳光的，只有经历过阴暗的人，才能够展示最温暖的阳光，这就是人性最神奇的地方。永远不要去否定自己人性中的阴暗面，因为也许那才是最能代表你人性的部分，试着去了解它、接受它，它慢慢就会变成属于你的动力，成就你自己的温暖。

那天我和同事们讨论了一个问题，为什么好人要经历九九八十一难，才能成佛，坏人则是“放下屠刀，立地成佛”？很多人觉得这不是对善良的人不公平吗，我说，这个问题你要这么想，这个故事或者这句话告诉我们的并不是成佛成魔的道理，而是指每个人想要获得成功都必须要付出努力和辛苦，好人要经历磨难，坏人同样要经历磨难，只是经历的磨难不相同而已。如果在生活中，我们能正视自己的努力和结果，那么生活中就会有更多的正能量，而不仅仅是抱怨和痛苦。正所谓穿过黑夜，才能看到黎明时的阳光。

我们生活中为什么时常会觉得自己好像得了精神分裂症，实际上只不过是我们在压抑人性中那部分不能够被社会大众所接受、认可的东西，然而你压抑得越辛苦，也就意味着你那部分人性越强大，当然，我们并不是要鼓励大家都去释放自己的恶劣人性。我们是希望大家能够去思考，这些所谓的阴暗面产生的原因和动机是什么？和所有的思想一样，理顺了之后，你想要它们消失还是转变都会变得容易起来。

举一个很小的例子，我们都很不喜欢那些淘气的“熊孩子”，尽管我们小时候曾经是那样的“熊孩子”，小孩子对社会规则是没有概念的，而很多小孩子的家长也并不会给小孩子灌输这样的社会规则。大部分成年人在约束自己孩子的时候是欠缺的，这才导致了很多人的厌恶继而才会产生某些严重的冲突场景，在某些时候人性突然爆发出邪恶的一面，就会酿成悲剧。不管是东方还是西方，都对人性有这样的定义：人有神性，也有兽性。为什么？因为人类本身就是动物啊，我们进化，脱离了茹毛饮血的生活，可并不代表我们的基因里完全摆脱了动物的本能，猎杀是一个野生动物的基本能力，这种能力在人类社会从未消失。因此，当你内心对某个人或某件事情产生厌恶时，就会有一片阴暗出现，所以，面对“熊孩子”时不妨瞪一眼孩子的父母，或者是远离他们，甚至直接礼貌地表达你的观点。有时候这样做的确会引发口角、矛盾，但是大多数心理学研究发现，喜欢大声吵架的人，往往不会出现突然的暴力行为，也就是说，他所谓的负面情绪会在第一时间表达出去，反而可以帮助他们舒缓内心的不满。再次重申，我们不是在鼓励大家去吵架，只是告诉大家，你要理解内心的不满和不舒服，不要让它们成为你内心邪恶的根源。阳光就那么多，如果阴暗太多，阳光照不到的地方就会滋生那些你不易察觉的邪恶、肮脏。

与自己的人性做朋友，不要去否定、去逃避自己内心中阴暗的一面，每个人的善良都是千篇一律的，因为大部分的善良是以我们的文化和社会团体规范为标准的，而每个人内心的阴暗则是千奇百怪的。实际上这些阴暗反而更能体现这个人真实的个性。心理学课上，所有的老师都会告诉你，千万不要拿课上学的这些东西、这些测验，去检测别人、嘲笑别人，因为有的玩笑是不可以开的。人性不可否定、不可直视，只因为没有人能比自己更了解自己。人们常说自己每天都戴着面具活得很累，但是作为社会性动物的人，本来就要这样，因为大部分人是不希望看到你所谓的“真面目”的，真实的你究竟如何只有你最亲近的人甚至只有你自己能看到，所以，想要做一个真正阳光的人，想要做一个真正快乐的人，就必须看清楚自己人性中的那些阴暗，必须明白人性从来都是有两面性的。然而人性最神奇也是最美好的部分大概就是，不论多么阴暗的那面人性，也有转化成阳光的可能性，就像不管伤口多深，都会有抚平伤痕的人存在一样。只要你接受，只要你相信，思考中的人性就能告诉你，你内心深处渴望的究竟是什么，你就会看到，经过大雨洗涤的自己，所迎接的彩虹与阳光有多么美丽。

最后的话：深度思考是一种修行

中国文化博大精深，百花齐放，但是各种思想中有些思想又总是默契地不谋而合。积思顿悟，这四个字在佛教和儒教中都提到过。是什么意思呢？字面意思是，通过不断思考积累，就能够突然之间开窍，一下子明白某件事。有个很浅显的例子，比如你吃包子，吃到第十个才吃饱，但是你不能直接吃第十个包子吃饱，因为得有前面九个包子给你垫底，才有第十个让你吃饱的包子。顿悟这种事情，大家都能明白，就是突然之间灵光一闪，但是我对积思的理解更多的并不是思考的遍数多，而是看思考的深度。一个问题你每天都从同一个角度思考，思考同一个方向，那么很有可能每天能得到的思考结果也是一样的，只有你思考的深度逐步加深，才能够有积累的作用，也才能够有最后那一瞬间的顿悟。深度思考绝对不是说说而已的一种一次性行为，深度思考是一种修行，是一种和僧人游历世间了解人民疾苦、人性善恶一样的修行，是一条漫长的道路，没有人天生就会深度思考，所有的深度思考都来源于你生活中那些浅思的积累和拼接。如果你想要练一个瑜伽动作到完美，那么至少需要几个月的工夫，深度思考需要的则是从你能够思考起就开始修行。也许大部分人，是像我一样的普通人，这一生都不可能把一切思考清楚，毕竟大彻大悟的人实在是太少了。我们行走世间，活在这红尘中，许多的欲望和要求让我们不得不放弃自己的思考，去追随、附和，这是人性，因此我们深度思考的时间被我们成长中的压力、生活中的琐事挤压，这就是我们大部分人无法跳脱的原因。

而我认为，这没有什么。人嘛，本来就是交织着各种情绪和思想的主体。既然这个时代赋予我们特殊的意义和价值，那么我们能做的就是顺着我们的天性，完成我们的生命，不疾不徐，不骄不躁，不卑不亢。李诞那一句“开心点朋友们，人间不值得”，引起了许多人的共鸣，我理解他的意思不是真的说“人间不值得”，而是让大家开心就好，不要过度纠结，因为这个社会中本来就没有绝对的公平，没有绝对的称心如意，就像任何一个国家都不会给你绝对的自由是一个道理。那么我们要做的就是让我们的生活变得值得，不是对其他人而言，而是对我们自己而言，这就是一种修行。我们常说年少气盛，为什么呢？因为年少的我们不曾经历世事，不曾明白生活中有太多太多的无可奈何，有太多太多的不得不做，而到了中年之后，许多人反而连脾气都不喜欢发了，不是因为年纪大了脾气就好了，而是忽然跟这个世界和解了。当你看过这个世界之后，才能明白这个世界的美好，也开始能接受这个世界的肮脏，这本就是并存的。这不是一种妥协，而是一种成长，是修行中的一个阶段。

深度思考是一种修行，可以带领我们看到我们平时忽略的生活中的一切。我们看到的那些不堪也许背后都有一个心碎的故事，我们听到的那些谣言背后也许都有得不到认可的悲伤、委屈，我们一厢情愿认为的大团圆也许背后有很多人的心血铺垫。深度思考带给我们的可以是平静，也可以是震撼，但这种能力必须经历岁月的沉积才能拥有，所以如果你正年轻，不要着急，因为只要你不断修行，总会有顿悟的那一刻；如果你已经年迈，也不要绝望，因为深度思考会让你明白很多事情。

人正年轻，这难道不是人类生生不息的美丽吗？我很爱一首词：“少年不知愁滋味，爱上层楼。爱上层楼，为赋新词强说愁。而今识尽愁滋味，欲说还休。欲说还休，却道天凉好个秋。”这就是一个人在思考的修行中得到的成长，有些话随着你思想的程度加深，你就会发现说与不说好像都没有什么关系了，那些曾经你认为天大的委屈，留下的不过就是一抹自嘲的微笑；那些你以为会恨一辈子的人，终有一天会被你放下。这仅仅是因为修行中的你开始理解，只有看懂才能放下，只有放下才能真正得到平静，而我们人生追求的除了衣食无忧之外，不就是内心的平静吗？

平凡如你我一样的人，不可能完成王健林口中的那个“小目标”，也不可能成为马云励志演讲里的第二个马云，我们就是自己，平凡而又伟大，经营着自己小小的幸福，修行着自己的人生，穿过生活中每天的烦琐和不如意，体会着身边大大小小的喜悦和幸福。在修行的途中，我们当然经历过失败和委屈，但是每次更进一步地思考都会带给我们更加强大的勇气和温暖，这些温暖让我们可以继续前进，哪怕回首望去，也曾有过遗憾，也曾有过不满意，但那又怎么样？这就是人生本来的样子啊。

深度思考是一场属于自己的修行，一个内心丰富的人是不会孤独的，一个善于思考的人可以与山对话，与海对话，与飞鸟对话，与花草对话，而这些对话通通不需要言语。每个人的世界都很大，大到穷极一生都不会走完；每个人的世界又都很小，小到一眼就可以看尽。愿你我在深度思考的修行中都能收获自己的幸福，收获自己的平淡宁静。与自己做朋友，才能与世界做朋友，走完这场修行，也许你并不能顿悟成什么大师，但至少你能做最开心的自己。